JN312158

生物多様性というロジック
環境法の静かな革命

及川敬貴

勁草書房

はじめに

　かつて生物種とその遺伝子は「地球上に暮らす万民の共有物」と考えられていたことを皆さんはご存じでしょうか．そのようなロジック（考え方）は，わたしたちの社会に光と影をもたらしました．1980年代以前に発効した自然保護関係の条約（例：ワシントン条約）が，国境を越えて，生物種を保全するという仕組みを整えたこと．これは，光の一例です．しかし，その一方で，同じロジックの下では，国境を越えた生物種の収奪（生物的海賊行為（biopiracy））が積み重ねられ，生物資源大国である途上国の不満は募っていきました．こちらは，影の側面ということができるでしょう．
　こうした歴史的な背景の下に現れたのが，生物多様性条約（1992年採択）です．この条約は，生物種の保全と利用だけを目的とするものではありません．それは，「遺伝資源の利用から生ずる利益の公正かつ衡平な配分」をも目的として定め（1条），さらに，各国が「自国の天然資源に対して主権的権利を有する」ことを認めました．
　生物多様性条約の登場は，ロジックの大転換を表しています．すなわち，「生物種が万民の共有物である」というかつてのロジックは，表舞台からの後退を余儀なくされました．代わって台頭したのが「生物多様性」というロジックです．この新たなロジックの下で，生物種は「万民の共有物」から「各国の経済的な資源」となりました．そして，その利用をめぐって生じていた不衡平な関係の是正を，国際社会全体でめざすこととなったのです．

　生物多様性条約の採択とそれにともなうロジックの転換は，人類史上の大事件のように思われるのですが，生物多様性については，「何やらよくわからない」といった感想やコメントが少なくありません．その言葉から連想される，社会の変化が思い浮かばないからでしょう．しかし，絶えず打ち寄せる波のように，この新たなロジックの影響は，わたしたちの社会へ及んでいます．

はじめに

　実は，生物多様性と関連して，この国で，静かに，しかし劇的な変化を遂げつつあるものが（少なくとも一つ）あります．それは，法制度（例：法律，条例，地域戦略）です．「静かな革命」とさえ形容しうるような変化が，わたしたちの社会のルールの平面上に現れています．自然保護法の相次ぐ大改正，かつての開発促進法・産業保護法の「環境法化」，外来生物や遺伝子組換え生物のような新たなリスクへの法的対応，里地・里山保全のための法的手法の発展等々．専門家からさえも，「さまざまの動きがあって，実際の施策をフォローするのさえ容易ではない」との声が上がるほど，制度状況は急速な変化を遂げています．

　本書の一つのねらいは，その劇的な変化を描き出すことです．ここでは，筆者なりの観点から，拡大を続ける「生物多様性と法」という世界を整理することを試みています．そして，もう一つのねらいは，この「静かな革命」のエネルギー源の解明です．「エネルギー源は，生物多様性という新しいロジックが台頭してきたことに決まっているじゃないか」と思われた方もいるかもしれません．確かにそうなのですが，本書で注目するのは，エネルギーの発生と供給の仕組みです．すなわち，本書では，生物多様性（という新たなロジック）が有する，「社会のプラットフォーム（基盤）」としての機能に注目しているのです．

　実は，生物多様性は，多種多様な生物種がそこに存在する，という自然・物理的な状態を意味するだけではありません．この10年ほどの間に，市民，企業，NPO，自治体，国家などのあらゆる主体が，生物多様性をめぐる「対話」関係に続々と参入してきました．つまり，そこでは，生物多様性が，多数の主体が対話を交わすための社会基盤（プラットフォーム）として機能しているということになります（本文の図1.2.1をご覧ください）．そして，このプラットフォームを経由して対話を交わすという思考方法に，わたしたちの社会そのものが順応しつつあります．生物多様性がプラットフォームとして社会に組み込まれたからこそ，前述したような制度上の変化が相次いで現れるようになったといえるのです．

　このプラットフォームの上に現れた，多様な制度を整理し，考察するために，

はじめに

　本書が重視したのは，制度間の「つながり」です．なぜならば，本書は，一連の制度の集まりを「制度生態系」として捉えているからです．生態系は，もはや自然生態系のみを表す言葉ではありません．「IT 生態系」という言葉を米国アップル社の首脳陣が使い始めているのは皆さんもご存じでしょう．それと同じように，本書では，生物多様性というプラットフォーム上に現れた各種制度の集まりを「制度生態系」とみなし，それらの制度間の「つながり」に注目します．

　一つひとつの制度を単独で見る（例：Aという法律を使っての問題解決）だけではなく，複数の制度の「つながり」（例：AとBという2つの異なる法律をリンクさせての問題解決）に着目すること．これによって，「縦割り」の弊害が明確に浮かび上がり，その対処のあり方を具体的に論じることができます．本書では，耕作放棄地の増大の要因としての制度間の「つながり」の不足，複数の法律間の「つながり」を念頭においた裁判所判例の読み方，省庁間・部局間の「つながり」を確保するための行政組織の構造・機能などに言及しました．同じ観点から，今後の展開が期待されるのが，生物多様性地域戦略（本書4章）です．多種多様な戦術（制度）をいかに組み合わせて（つまり，制度間の「つながり」を確保して），どのように使っていくのか．そのための戦略を，地域住民自らが考え，つくっていくことが「制度生態系の管理」の第一歩となるでしょう．

　本書の基本的な構想は，筆者が所属する大学院（横浜国立大学大学院環境情報研究院）での授業を通じて育まれました．受講者の多くは，自然科学を専攻しています．授業を始める以前，理系の大学院生は，法律や政策にあまり関心を持っていないのではないかと思っていました．しかし，現実には，多くの大学院生が高い関心を持ち合わせており，おかげで授業は，毎年，知的興奮に充ちたものになっています．よい意味で予想が裏切られたのですが，問題は，授業に使える適当な書籍が見当たらないことでした．

　そこで，「生物多様性についての法律や政策を専門として学ぶわけではないが，やはり（ある程度の）専門的な中身を知りたい」と考える受講者を想定した講義ノートをつくり，それにもとづいて授業を進め，受講生の皆さんからフ

はじめに

ィードバックを受けながら，改善に取り組みました．そうして，出版に至ったのが本書です．

　生物多様性と法というテーマに関する日本の第一人者といえば，畠山武道先生（北海道大学名誉教授）です．大学院生時代から畠山先生にご指導をいただいてきたおかげで，筆者のような者もなんとかこうして研究を続けられています．畠山先生の学恩にあらためて感謝申し上げます．また，生物多様性は多くの領域にまたがるテーマであるがゆえに，本書の執筆にあたっては，さまざまな分野の方々から有益なコメント・情報を多数いただきました．個々のお名前を挙げはしませんが，厚く御礼申し上げます．さらに，横浜国立大学グローバル COE プログラム「アジア視点の国際生態リスクマネジメント」（代表：松田裕之教授）についても記さないわけにはいきません．リーダーの松田裕之先生はじめ関係者の皆さんからは日ごろからさまざまなご支援をいただき，心より御礼申し上げます．そして，本書の企画から完成まで，勁草書房編集部の長谷川佳子さんにお世話になりました．企画段階から何度も重ねた議論そのものがたいへん価値のあるものであり，さまざまな意味で勉強になりました．

　最後に，本書を両親（及川敬一・裕喜子）と弟（及川恵）に捧げます．両親と弟からいつももらっている温かい気持ちと言葉，有形無形の支援なしに，今のわたしは存在しえません．また，それらなくして，本書を書きあげることもできませんでした．感謝の思いをここに表したいと思います．

＊　＊　＊

　本書は，横浜国立大学グローバル COE プログラム「アジア視点の国際生態リスクマネジメント」および平成20－22年度文部科学省科学研究費（基盤(c)）「アメリカ環境法制における省庁間政策調整の法理と実際—NEPA システムの包括的研究」による研究成果の一部です．

2010年5月

及川敬貴

本書の特徴

　この数年,「生物多様性は中身が広すぎて扱いづらい」「関連する制度がたくさんありすぎて,全体像がわかりにくい」といった声を頻繁に耳にしてきました.そうした声に少しでも対応できれば,との思いから,本書では,「全体を見渡せる」ようなコンパクトさを追求しています.具体的には,生物多様性に関係する主な法律や政策の概要,関連する論点,制度上の変化動向とその背景事情などをコンパクトに整理しました.

　ただし,コンパクトであるがゆえに,説明が簡潔になりすぎてしまったところも少なくありません.本書を読まれて,「生物多様性と法」に関する全体像的なものをつかんだ後には,是非,専門的な論文や研究書へチャレンジしていただきたいと思います.

　本書の執筆にあたっては,次のような点に留意しました.これまで,生物多様性については,自然科学や経済・ビジネス関連の本がいくつも出版されていますが,法律や政策に的を絞ったものは多くはありません.また,いくつか出版されているにしても,多くは「法律や政策を(専門的に)勉強しよう」という人に向けて書かれたものであるように見えます.

　そこで,本書では,生物多様性なる考え方がどのような経緯で世の中に台頭し,これまでの法律や政策がどのように変化し,今後,いかなる方向へ変化していこうとしているのかを,「平易な言葉」で説明することを試みました.そして,専門的に勉強しようと思う人はもちろん,そこまでしようとは思わないが,「生物多様性をめぐる法律や政策について知りたい」という人にも最後まで「読み通して」もらえるように,次の2つの工夫をしました.

　一つは,すべての節の冒頭で,事実からなる「Episode(エピソード)」と関連する「Question」をおいたことです.エピソードとしては,日本の国会での議論,環境白書の記述,海外の多国籍企業の動き,日本の地域でのNPOの活

本書の特徴

動など,生物多様性についての,具体的な事例をとりあげました.

　もう一つは,本文で,その節のテーマについて全体的な説明を施すとともに,Episode への言及をしながら,それが法政策上どのような意味・意義があるのかをわかるようにしたことです.そして,Question への答えは本文の中に「適宜」書き込みました.「適宜書き込むとはいかがなものか,いい加減ではないか」と思われる方もいるかもしれません.しかし,数学の方程式でも「解なし」が「解あり」の場合よりも圧倒的に多いのと同じように,法政策的な問いへも常に唯一の答えがあるわけではありません.むしろ,本書のねらいは,本文を参考にして,Question への答えを「考えて」もらうところにあります.授業,研修会,読書会などで本書が使われ,そこでの議論の中から多様な答えが生まれてくるならば,そのねらいは達成されたものといえるでしょう.

生物多様性というロジック

目　次

目　次

はじめに

本書の特徴

第1章　生物多様性とはなにか……………………………………………1

第1節　生物多様性とはなにか………………………………………2
1．生物多様性とはなにか　／2．生物多様性はなぜ重要なのか
3．重要性をどのように伝えるか　／4．生物多様性とどのように向き合うべきか

第2節　生物多様性プラットフォームの誕生………………………17
1．自然保護の光と影　／2．生物多様性はどこから来たのか
3．生物多様性条約の策定過程　／4．プラットフォームとしての生物多様性

第2章　生物多様性はルールにできるのか………………………………27

第1節　制度生態系の成立……………………………………………28
1．法について　／2．生物多様性と法のアンブレラ（傘）
3．個別法の分類　／4．制度生態系とその管理

第2節　進化する自然保護法―生物多様性の保全…………………43
1．自然保護法とはなにか　／2．自然保護法の手法
3．進化する自然保護法　／4．公害規制法への生物多様性の影響
5．自然保護法と生物多様性の今後

第3節　環境法化する諸法……………………………………………60
1．諸法と「持続不可能」な資源利用　／2．諸法の「環境法化」と

はなにか ／3．諸法の「環境法化」の意義 ／4．現象としての「環境法化」を越えて

第3章 ロジックは世界をどう変えるか…………………………………71

第1節 生態リスク管理と自然再生………………………………………72
1．カルタヘナ法と外来生物法 ／2．新たな公共事業の推進法（自然再生推進法）

第2節 衡平性の確保─ABSとSATOYAMA（里山）……………………87
1．衡平性の確保 ／2．ABS（遺伝資源へのアクセスと利益配分）
3．SATOYAMA（里山） ／*Column*① 「順応的管理」と法
4．今後の課題 ／*Column*② 森林環境税 ／*Appendix* ABS法と地域社会

第3節 生物多様性の確保と「司令塔」……………………………………113
1．ホワイトハウスの「環境の司令塔」 ／2．国家環境政策法（NEPA） ／3．司令塔の組織的特徴 ／4．リーダーシップの発揮と紛争マネジメント ／5 生物多様性の確保と行政組織のあり方

第4章 なぜ戦略をつくるのか……………………………………………133

第1節 日本の生物多様性戦略……………………………………………134
1．生物多様性戦略について ／2．地域戦略の策定状況
3．生物多様性基本法の規定 ／4．国家戦略と地域戦略の関係
5．共同地域戦略の意義 ／6．地域戦略に書き込まれる事項・内容
7．なぜ地域戦略をつくるのか

目　次

　　第2節　ニュージーランドの地域戦略‥‥‥‥‥‥‥‥‥‥‥‥‥151
　　　　　　1．自然環境保全と規制的アプローチの限界　／2．生物多様性地域戦略という手法　／3．新たな施策の展開　／4．国の関与

　　第3節　地域戦略の技法―資源創造と参加型生物多様性評価‥‥‥‥165
　　　　　　1．地域の資源管理シナリオ　／2．資源の創造に向けて　／3．市民による生物多様性評価　／4．本書の提言―地域戦略の作成に向けて

付録：関連法令情報について‥‥‥‥‥‥‥‥‥‥‥‥‥‥‥‥‥‥179
読者のみなさんへ‥‥‥‥‥‥‥‥‥‥‥‥‥‥‥‥‥‥‥‥‥‥‥181
索引‥‥‥‥‥‥‥‥‥‥‥‥‥‥‥‥‥‥‥‥‥‥‥‥‥‥‥‥‥183

第1章
生物多様性とはなにか

第1節 生物多様性とはなにか

Episode

1. 日本の環境白書は，次のように述べる．人間の活動が生物多様性に不可逆的な影響を与えてきた結果，現代は「第6の大量絶滅時代」の最中にある．この数百年で過去の平均的な絶滅スピードの約1000倍という速さで生物種の絶滅が進んだ，と（環境省 2009, 244）．そして，だれにも知られていないが，メタボヒメゴキブリという小さなゴキブリの一種もまた絶滅の危機に瀕している．

2. ある国の「生物多様性がもたらす年間価値は，国内総生産の2倍以上に相当する可能性がある．1994年における陸の生物多様性の年間価値は460億ドルであり，その内訳は，
    ・木材生産等の直接利用から90億ドル
    ・湿地の水質浄化作用等の間接利用から300億ドル
    ・その他の価値が70億ドル
と見積もられている．また，同じ年における海の生物多様性からの恵みは，1840億ドルと見積もられ，そのうち3億1500万ドルが漁業を通じて得られたと考えられている．合計2300億ドルが生物多様性からもたらされる年間価値であるが，同じ1994年における国内総生産は840億ドルであった．」［ドルは当該国通貨］[1]

Question

1. メタボヒメゴキブリの絶滅は，わたしたちの生活にはとくに関係がないように見えます．生物多様性の名の下にその絶滅を回避しなければならないのでしょうか．

2. 生物多様性という「得体の知れないもの」の価値を金銭で評価できれば，その重要性はわかりやすくなるでしょう．生物多様性の価値を金銭評価することの長所と短所について考えてみてください．

第1節 生物多様性とはなにか

――本節の見取り図――
　生物多様性とはなにか，それがいかなる意味で重要なのか，を説明します．その重要性を理解することなしに，なぜ生物多様性のために，これほど多くの社会制度（条約，戦略，法律，条例等）がつくられているのかを理解することはできません．本節と次節は，全体のイントロダクションになるとともに，本書の基本的なスタンスを示す部分ともなります．

1　生物多様性とはなにか

　10年ほど前に行われたアンケート調査では，生物多様性への日本国民の認識は高くありませんでした．図1.1.1が示すように，この国で生物多様性という言葉を耳にしたことがある者は10人のうち3人程度でしかなく，その意味を知る者となると10人に1人にも至らなかったのです．

　その一方で，*Episode 1* のような「種の絶滅」ついてのニュースは，もはや珍しいものではなくなりました．新しい生物種が発見されたというニュースも時折流れています．一度は地域から消えてしまった野生生物（例：コウノトリ）を人の手で再び呼び戻すような試みもあり，世間の注目は低くはありません．

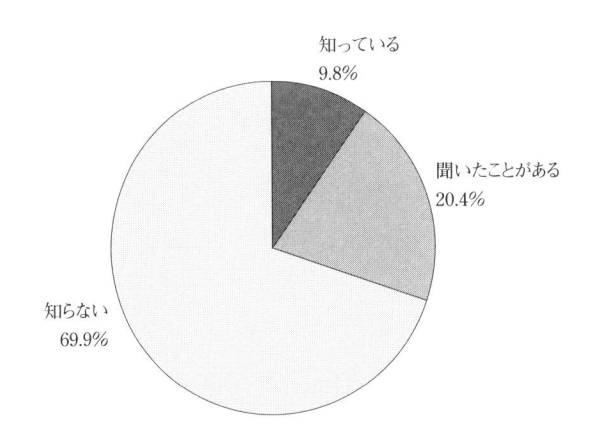

　　　　　　　　　　　知っている
　　　　　　　　　　　　9.8%

　　　　　　　　　　　　　　　　　　聞いたことがある
　　　　　　　　　　　　　　　　　　　20.4%

　　　知らない
　　　69.9%

出典：平成16年環境省調査．全国の20才以上の方の2,000名を対象（1,483名から回答）．平成21年度版環境白書46頁より．

　　　　　　　図1.1.1　生物多様性の認識状況

第1章　生物多様性とはなにか

　これらはいずれも生物多様性に関連した話題です．しかし，どれも特定の部分に光が当てられているにすぎません．生物多様性とは何なのでしょうか．
　世界が初めてこの概念と正面から向き合ったのは，1992年における「生物の多様性に関する条約（CBD: Convention of Biological Diversity）」（以下，生物多様性条約といいます）の採択でした．国と国との間の取り決めである，この条約は，リオ・デ・ジャネイロで開かれた地球サミット（「環境と発展（開発）に関する国連会議」）で採択され，1993年に発効しました．現在，アメリカを除く世界のほとんどの国（EUを含む）が締約国となっており，その数は193にもなります．これら締約国の代表等が集まる会合がCOP（通称コップ）（締約国会議，Conference of Parties）です．2010年のCOP10（通称コップ・テン）（生物多様性条約第10回締約国会議）は日本（愛知県名古屋市）で開催されました．2016年のCOP13はメキシコでの開催が予定されています．
　生物多様性条約は，特別な生物種（例：絶滅のおそれのある種や渡り鳥）の保全をめざした，それまでの自然保護関係の国際条約と違って，生物多様性（Biodiversity）の

① 保全
② 持続可能な利用
③ 遺伝資源の利用から生じる利益の公正・衡平な配分

を目的としています．この条約の採択は，世界各国で国内制度を刷新するための契機となりました．日本でも，条約の採択からこれまでの約20年の間に，多くの新たな法制度（国家戦略，法律，条例など）が生まれるとともに，既存の多くの法制度が改正されてきたのです（本書2・3章で詳しく説明します）．
　実は，「生物多様性はなにか」という問いへの答えは，この条約の中ですでに提示されています．生物多様性条約は，次のように定めています．

　　"「生物の多様性」とは，すべての生物（陸上生態系，海洋その他の水界生態系，これらが複合した生態系その他生息又は生育の場のいかんを問わない．）の間の変異性をいうものとし，種内の多様性，種間の多様性及び生態系の多様性を含む."（生物多様性条約2条）

第1節　生物多様性とはなにか

また，日本の法律でも，同じような回答が用意されており，2008年に制定された生物多様性基本法では，

"この法律において「生物の多様性」とは，様々な生態系が存在すること並びに生物の種間及び種内に様々な差異が存在することをいう."（生物多様性基本法2条1項）

と書かれています．しかし，これらの規定を単独で読んで，「よくわかった」と感じられる方はほとんどいないのではないでしょうか．そこで，わたしたちの身の周りですでに使われている法制度のいくつか（下線を引くとともに，本書で説明している節を示しておきます）を引き合いに出しながら，「生物多様性とはなにか」について，次のように説明しておきましょう．

① 生物多様性は，「生物種の多様性」を意味する

文字どおりの意味です．日本の環境白書によれば，世界ですでに知られている生物種の数は約175万種に上るといいます．しかし，この数は実際に存在する種数の一部にすぎません．まだ知られていない生物を含めると，地球上の種数は500万〜3000万種に達するそうです（環境省 2009, 10）．

② ①の他に，「遺伝子の多様性」も含んだ「種内の多様性」もが含まれている[2]

ゲンジボタルという蛍の一種がいます．この生物種は，遺伝子のレベルで西日本型（2秒間隔で発光）と東日本型（4秒間隔で発光）に分化して進化していると考えられています．このことを知らずに，<u>自然再生推進法（3章1節）</u>にもとづく自然再生事業の名の下で，前者を後者の生息地で放してしまうと，どうなるでしょうか．交雑が起こって，種の分化という進化のプロセスが止まってしまうかもしれません．<u>外来生物法（3章1節）</u>が作られているのも，同じ理由にもとづいています．同じ種（メダカ）だからといって，遺伝的組成の異なる外来種（ペットショップで買ってきたオレンジ色のメダカ）を在来種（日本固有のクロメダカ）の生息地（近くの川）へ放してはなりません．強い前者によっ

て弱い後者が駆逐されてしまう（絶滅する）かもしれないからです．

③ 生物多様性には，「生態系の多様性」が含まれる

　種の保存法（2章2節）や文化財保護法（2章2節）などは，特定の生物種を保全の対象としています．これに対して，自然公園法（2章2節）にもとづく国立公園を設置して，その区域内で一定の行為（例：たき火）を制限したり，緑の回廊（2章3節）で離れた森林同士をつないだりするのは，生態系（Ecosystem）の多様性を確保するためです．生態系とは一般に，生物と非生物（例：土や水）からなる一定の地理的空間で，全体として何らかの機能的特徴をもつようになったもの（例：砂漠生態系や森林生態系）と考えるとわかりやすいでしょう[3]．たとえば，土の中，いわゆる土壌もそうした生態系の一つであり，そこは"陸域のなかでももっとも生物が濃く生息している"場所といわれています（金子2008, 47）．なお，日本では，全陸地面積の17％もが保護区に指定されています（世界の平均は12.9％）が，この数字の解釈には注意が必要です（2章2節）．

④ "変異"という言葉が使われていることから，人による「手入れ」を否定していない

　たとえば，水田や雑木林を中心とする里地里山は生物多様性の宝庫として知られています．里地里山という生態系は，人が自然に手を加え，数千年にわたってその「手入れ」（例：下草刈り）を続けてきた結実です．そこでは，人の「手入れ」によって，競争に強い生物種が適度に間引かれ，競争に弱い生物種が生き延び，その結果として多様性が高まってきました（日本生態学会2010, 39）．「手入れ」がなければ，このバランスが崩れることになりかねません．後から紹介するように，日本の生物多様性国家戦略（2章1節）は，生物多様性に関する3つの危機の一つとして，「人の手が入らないことによる自然の質の変化」を挙げ，そうした危機の回避を叫んでいます．近年，各地でつくられている里山保全条例（3章2節）のねらいは，人口が減少し，都市部へ人口が集中し，産業構造が変わっていく（農林水産業の衰退と情報サービス産業の隆盛）中で，里山（森林や水田等）への「手入れ」を確保することにあります．

⑤ やはり"変異"という言葉が使われていることから，種の絶滅それ自体を「悪」とはしない

　人間が存在しなかった時代にも，種の絶滅は生じていました．ですから，種の絶滅それ自体が「悪」なのではありません．問題は，人間の行為が原因となって，種の絶滅のスピードが不自然に速まっていることにあります．このスピード違反状態を是正して，制限時速内へ戻すことが必要なのです．

　こうして整理してみると，生物多様性なるものの中身をきちんと理解するには，現実の社会で使われている法制度（条約，戦略，法律，条例など）についても知らなければならないことがわかります．本書では，これらの法制度の現状と今後の展望を主に扱います．詳しい説明は後から行う（本書2～4章）ことにして，ここで次のような問いかけをしておきましょう．

　そもそも生物多様性について，193もの国や地域が条約を締結し，それぞれが（数えたことはありませんが，おそらく）何千もの法制度を作らねばならない理由は何なのでしょうか．そうした社会制度なしに，生物多様性は確保できないのでしょうか．周囲を見回せば，そこは「生きものだらけ」そして「ルールだらけ」であり，わたしたちの行為を縛るようなルールを次から次へと作り出すのは無駄な行為のように見えます．無用のルールであれば，それこそが「仕分け」の対象とされるべきなのではないでしょうか．

　これらの問いへの最もシンプルな答えとしては，「生物多様性の確保が重要だから」というより他にありません．対象がさまざまな意味で重要であるからこそ，人はわざわざ自らを縛る（社会的なルールを作る）のです．その必要がなければ，ルールなしのほうがよほど自由で気楽に過ごせるはずです．そこで，次に，生物多様性の確保が社会的に重要と考えられている理由について考えてみましょう．

2　生物多様性はなぜ重要なのか

　生物多様性の重要性については，さまざまな議論がなされてきました．すべてを紹介することはできないので，いくつか挙げておきます．

第1章　生物多様性とはなにか

（1）　人間存在の根源

　地球上には，すでに知られているものだけで175万種，まだ知られていないものを含めると500万〜3000万もの生物種が存在するといわれます．しかし，主に人間活動が原因となって，これらの生物種が急速に絶滅しています．生物は，数十億年という長い年月をかけて，単体からここまで多様な姿になってきたと考えられています．すなわち，人間を含めた現在の多様な生物の根源は同一の単体であったというのです．そこから派生した多様な生物種を一つの種（人間）が絶滅に追いやることは，間接的な自己否定であり，そうした行為を続けるわけにはいきません．これは血族関係に似たような論理で生物多様性の意義を説明するもので，根源的なレベルでわたしたちに訴えかけるものがあります[4]．

（2）　人間生活の生態系サービスへの依存

　国連ミレニアム生態系評価（Millennium Ecosystem Assessment）（通称MA）という言葉をご存じでしょうか[5]．MAは，国連の主導で世界中の2000名を越える専門家（例：研究者やNPO）が協力し，地球上の生物多様性の状態を調査したプロジェクトです．地球の健康診断と言ってもよいでしょう．MAでは，生態系サービス（Ecosystem Service）という考え方を使って，生物多様性の重要性を説明しました．生態系サービスとは，人々が生態系から受ける恵みであり，大別すると，①基盤サービス，②供給サービス，③調整サービス，④文化サービスがあります．人類の生存は，基本的に，これらのサービスの供給に依存しており，生物多様性は各種のサービスの前提となるとされています（図1.1.2）．

　MAの結果は，想定の範囲内とはいえ，深く憂慮されるべきものとなりました．主に人間の手によって，生態系に大きな改変が加えられ，各種の生態系サービスが喪失していることがはっきりしたのです．具体的には，24の生態系サービスのうち，15が劣化し続けるか，持続できない形で利用されている一方，向上したサービスは4つにすぎませんでした．人類の生存が生態系サービスの供給に依存し，生物多様性が各種のサービスの前提となることを考えれば，この健康診断の結果が示すところは，深刻であるといえるでしょう．

なお,生態系に「手を入れない」ことによっても生態系サービスが劣化していく点には注意すべきです.たとえば,日本の生物多様性の宝庫である里山が今後直面する最大の脅威は,人口減少と産業構造の変化に由来する,必要な「手入れ」(例:里山での下草刈り)の不足(その目に見える結果の一つが,耕作放棄地の増大です)であるといわれています.

(3) それ自体の重要性

もちろん,人間にとっての重要性だけが,生物多様性の重要性を意味するわけではありません.生物多様性「それ自体」が重要である,すなわち,生物多様性には「内在的な価値(intrinsic value)」がある,という考え方です.人間

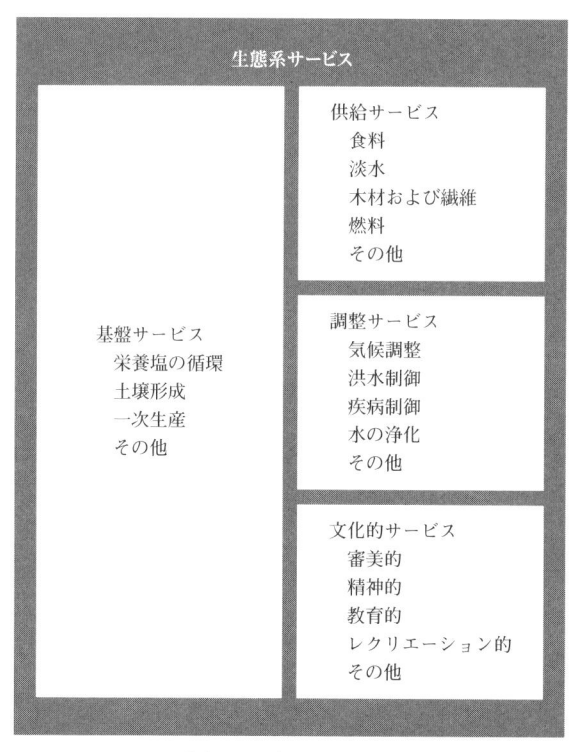

生態系サービス

供給サービス
　食料
　淡水
　木材および繊維
　燃料
　その他

基盤サービス
　栄養塩の循環
　土壌形成
　一次生産
　その他

調整サービス
　気候調整
　洪水制御
　疾病制御
　水の浄化
　その他

文化的サービス
　審美的
　精神的
　教育的
　レクリエーション的
　その他

地球上の生命—生物多様性

出典:Millennium Ecosystem Assessment編(2007)xiiiの図Aにもとづいて筆者が作成した.
図1.1.2　生態系サービス

倫理（前述の(1)）や人間生活（前述の(2)）を越えた崇高な価値が生物多様性には備わっているという考え方であり，MA でも言及されています（Millennium Ecosystem Assessment 2007, xvi）．

こうした考え方は，日本では受けいれやすいものかもしれません．自然を含んだ万物に神が宿っているという「八百万の神」的な思想に慣れ親しんでいるからです．かつてわが国の裁判所も，一本の杉の木（日光東照宮のご神木である太郎杉．いわゆる日光太郎杉）それ自体に「かけがいのない価値がある」（注：原文のママ）ことを認め，その伐採をともなう行政の決定を違法と判断したことがあります（日光太郎杉事件判決）[6]．

3　重要性をどのように伝えるか

こうした重要性は，わたしたちの多くにとって理解できるし，受けいれやすいはずです．しかし，冒頭で紹介したように，「生物多様性を知っている」人の数は，「生物多様性を知らない」人の数に比べて，圧倒的に少ないのが現実です（図1.1.1）．なぜ，こうした結果となってしまうのでしょうか．

実は，*Episode 1* の「メタボヒメゴキブリ」なる生物種は世の中に存在しません．筆者が勝手に創作したものです．仮にそうした小さなゴキブリが存在すれば，それは生物多様性の一部となるでしょう．ところが，その絶滅が自分たちの生活にどのような関係があるのかを想像できない，というのが大多数の市民にとってのリアクションであると思われます（筆者もかつてはそうでした）．

そうすると，「生物多様性について知りたい」という気持ちを持ってもらうには，生物多様性の重要性の「伝え方」にもっと注目するべきといえます．この観

写真1.1.1　日光太郎杉

点から筆者らが数年前に行ったある調査の結果を紹介します．この調査では，いくつかの国の生物多様性国家戦略（2006年までに策定されたものが対象）の中で，生物多様性の意義や重要性が「どのように」表現されているのかを比較検討しました．なお，生物多様性国家戦略とは，生物多様性条約6条にもとづいて締約国が作る計画で，その国の生物多様性への認識や今後の行動計画などが書き込まれたものです（国家戦略については，本書2章1節を参照してください）．

比較調査の結果，生物多様性の重要性の「伝え方」には，①比喩を駆使する，②金銭評価を行うという2つの方法がとられていることがわかりました．また，生物多様性の重要性をどのように捉えるかが先進国と途上国では異なる，という，③「ものの見方」の違いを強調し，国民へ伝えようとしている戦略も見受けられたので，あわせて紹介しておきます．

① 比喩を駆使する

生物多様性の重要性を何かにたとえて表現するという方法です．カナダの国家戦略では，生物多様性の保全は，「将来への保険・投資である」と表現されています．そこでは，将来的な選択肢，フレキシビリティ，経済的機会の確保につながるので，将来に向けての投資であり，合理的なビジネス感覚にもなじむとの説明が付けられていました（Canadian Biodiversity Strategy 1995, 13-14）．また，ベトナムの国家戦略でも，「長期的な経済発展のためのセーフガード」という比喩が使われています（Biodiversity Action Plan for Vietnam 1994, 3）．

同じような比喩は日本の国家戦略の中にも見つけることができますが，海外の国家戦略で特徴的である（＝わが国戦略の中には見当たらない）と考えられるのは，「アイデンティティ（の源泉）」としての生物多様性への言及です．カナダとニュージーランドの国家戦略では，次のような記述がありました（下線は筆者が付したものです）．

"多くのカナダ人にとって，カナダにおける空間と種の多様性が……<u>文化的アイデンティティの源泉</u>となっている"（Canadian Biodiversity Strategy 1995, 13）

"<u>生物多様性</u>は，ニュージーランド国民が<u>国家のアイデンティティ</u>という感覚を

第1章　生物多様性とはなにか

有するための基盤となっている"（The New Zealand Biodiversity Strategy 2000, Foreword）

"生物多様性を持続可能な状態に保つことは，自然界から引き出される<u>アイデンティティの感覚</u>という面において，ニュージーランドのあらゆるコミュニティにとっての利益となるであろう"（The New Zealand Biodiversity Strategy 2000, 1）

② 　金銭評価を行う

　海外の国家戦略では，かなり以前から，生物多様性の重要性に関する金銭評価が盛り込まれています．評価の基準や方法はまちまちですが，共通して見受けられるのは，生物多様性からもたらされる金銭的価値が莫大である一方で，その管理のために計上されている予算がわずかでしかない，というメッセージです．

※ニュージーランド

　*Episode 2*の「ある国」はニュージーランドです．このエピソードを要約すれば，ニュージーランドの国家戦略では，陸域と海域の生物多様性がもたらす年間価値が，国内総生産の2倍以上に相当する可能性がある，ということです．実は，*Episode 2*はパラグラフの一部であり，次のような続きがあります．

> "こうした評価結果を踏まえた場合，生物多様性からもたらされる利益［直接使用価値である93億1500万NZドル（木材生産等の90億NZドルと漁業の3億1500万NZドル）を指しているものと思われる］が5～10％失われるとするならば，その金銭的損失は年間5億NZドルから10億NZドルに相当する．その一方で，生物多様性の管理に対する現行の政府支出は1億6600万NZドルである"（［　］内は筆者による）（The New Zealand Biodiversity Strategy 2000, 3）．

※インドネシア

　インドネシアの国家戦略でも，多くの箇所で具体的な数値が挙げられています．たとえば，Gede-Pangrango 国立公園の保護から得られる金銭的価値は1年あたり<u>408億ルピア</u>に上る一方，その管理などにかかる費用は279億6000万ル

ピアに過ぎないと述べられています (Indonesian Biodiversity Strategy and Action Plan 2003, 13). また，豊かなサンゴ礁を擁し，多くの観光客によって利用される Bunaken 国立公園のレクリエーション的な価値は，1年あたり98億ルピアに上ると評価されています (Indonesian Biodiversity Strategy and Action Plan 2003, 12).

※ベトナム

ベトナムの場合，国家戦略の本体部分には，金銭評価についての記述は見当たりません．しかし，巻頭言的な部分の中で，戦略策定当時の科学技術環境大臣による言及があり，そこでは，農業，林業，漁業の生産高が生物資源由来のものであり，その経済的価値が毎年20億米ドルに上るとの記述がなされています．

※オンタリオ州（カナダ）

地域レベルで作られる生物多様性戦略（本書第4章）にも，金銭評価に言及するものが少なくありません．たとえば，オンタリオ州（カナダ）の戦略では，自然資本 (natural capital) という表現を用いながら，農業33億CAドル，木材・木製品輸出180億CAドル，狩猟・フィッシング26億CAドル，州立公園訪問者1000万人（いずれも年間の値）という数値を示しました (Ontario's Biodiversity Strategy 2005, 3). その上で，これだけの便益を有する自然資本は，「銀行口座」のようなものであり，回復不可能なレベルにまで損なわれるような場合には，われわれの健康や生活の質はもちろん，オンタリオ州の将来的な経済的・社会的競争力もが危険にさらされるとの記述がなされています (Ontario's Biodiversity Strategy 2005, 4).

③　新たな「ものの見方」を示す

前述の①②の「伝え方」は洋の東西を問わずに採用されていますが，生物多様性の重要性が，先進国と途上国では異なるという，新たな「ものの見方」を示したのが，インドネシアの国家戦略です．そこでは，生命科学産業の急激な発展にともなう生物多様性の商業化に強い懸念が示された上で，次のように述

第1章　生物多様性とはなにか

べられています.

「生物多様性には，［途上国に関わりの深い］<u>ローカルな価値［直接使用価値］</u>と［先進諸国が強い関心を示す］<u>グローバルな価値［非直接使用価値］</u>という2つの価値がある．これらの価値については，認識や知識の程度が異なる．一般に，ローカルな価値は十分に文書化されていない．そのため，そうした価値は，生物多様性に関するグローバルなレベルでの政策論争や政策形成［過程］に十分に反映されていない．」(Indonesian Biodiversity Strategy and Action Plan 2003, 15)（下線および［　］内は筆者による）

この部分で引用されたのが，次の表1.1.1です．

表1.1.1　生物多様性についてのグローバルな価値とローカルな価値

グローバルな価値	ローカルな価値
非直接使用価値に重点	直接使用価値は，非直接使用価値と同様に重要
保全を重視．持続可能な利用を重視しない場合もありうる	持続可能な利用を重視
特定の資源利用集団を想定しない	特定の資源利用集団が存在
地域に特有なおよび稀少な種の価値を重視	地域に特有な種とその他の種の価値は同一
遺伝情報に着目	目に見える特徴に着目
原生的な生物多様性と人工的な生物多様性とを峻別して扱う	原生的な生物多様性と人工的な生物多様性とを同様に扱う

出典：Vermeulen, S. and Koziell, I. (2002) *Integrating Global and Local Values. A Review of Biodiversity Assessment.* International Institute for Environment and Development, London, UK.

　この比較調査からわかるように，生物多様性の重要性の「伝え方」は国や地域によって違います．この違いがその国の「生物多様性への認識度」にどのような影響を与えるのかについては，別に調査が必要ですが，MAで示された「生態系サービス」という考え方とその「金銭評価」という手法が，生物多様性の重要性の「伝え方」に影響を及ぼしていることをうかがうことができます．とりわけ，ニュージーランドの国家戦略は，生物多様性の重要性を金銭評価するだけではなく，その一方で国がどれだけ予算をかけていないかを強調し，暗

に今後の予算増と国民の理解を求めるという，まさに「戦略的な文書」となっていました．日本の最新の環境白書（2009年）でも，サンゴ礁の生態系サービス（の一部）の経済的価値の試算が掲載されていますが，試算結果を使って「いかなる方向へ進みたいのか」はよくわかりません（環境省 2009, 46-47）．

なお，金銭評価の文脈では，2008年に開催された生物多様性条約COP 9の閣僚級会合で発表された，あるプロジェクトの中間報告が話題になりました．『生態系と生物多様性の経済学（中間報告）』（TEEB）です．そこでは，森林生態系の劣化による経済的損失についての評価がなされ，2050年には，その損失が1兆3500億〜3兆1000億ユーロに達すること等が報告されました．損失の大きさは危機的なものですが，それは同時に「生物多様性がビジネスになる」時代の到来を予感させるものかもしれません．すでに欧米の投資会社などが，生物多様性の将来的な価値の増大を見込んで，途上国の生態系（森林等）の「囲い込み」を始めています[7]．

4　生物多様性とどのように向き合うべきか

本節では，生物多様性という「得体の知れないもの」がさまざまな意味で重要であることを見てきました．生物多様性の確保が重要であるからこそ，これだけの数の社会制度（条約，戦略，法律，条例など）がつくられ，日々運用されているのです．次節では，生物多様性が，単に失われたり，保全や利用の対象となったりするだけのものではなく，社会における新たな「ゲームのルール」となり，異なる社会・文化・世代間の「対話のプラットフォーム（基盤）」となりつつある状況について説明します．生物多様性というプラットフォームを通じて，わたしたちの社会に「静かな革命」が起こりつつあります[8]．

注
［1］The New Zealand Biodiversity Strategy（2000）3 参照．
［2］このパラグラフの記述について，吉田（2007）86参照．
［3］生物多様性条約第2条では，生態系とは「植物，動物および微生物の群集とこれらを取り巻く非生物的な環境とが相互に作用して一の機能的な単位を成す動的な複合体をいう」とされています．

[4] このパラグラフの叙述に際して，本書では，岩槻（2009）から多くの示唆を得ています．
[5] MAに関する以下の記述は，Millennium Ecosystem Assessment編（2007）によります．
[6] 東京高判昭和48年7月13日行集24巻6・7号533頁．
[7] Ellison（2009）参照．
[8] 本書の主眼は，生物多様性に関連する法制度の劇的な変化とその源泉を捉えるところにおかれています．それゆえ，本文中にとくに紹介してはいませんが，生物多様性全般について一般的に書かれたものとして，井田（2010），枝廣・小田（2009），香坂（2009），鷲谷（2010）などがあります．

引用文献

岩槻邦男（2009）『生物多様性のいまを語る』研成社．
井田徹治（2010）『生物多様性とは何か』岩波書店．
枝廣淳子・小田理一郎（2009）『企業のためのやさしくわかる「生物多様性」』技術評論社．
金子信博（2008）「生物多様性の交差点―表層土壌が育む生物群集とその知られざる働き」『ペドロジスト』52(1)：47-50.
環境省編（2009）『平成21年版環境白書（循環型社会/生物多様性白書）―地球環境の健全な一部となる経済への転換―』日経印刷．
香坂玲（2009）『いのちのつながり よく分かる生物多様性』中日新聞社．
日本生態学会編（宮下直・矢原徹一責任編集）（2010）『なぜ地球の生きものを守るのか』文一総合出版．
吉田正人（2007）『自然保護―その生態学と社会学―』地人書館．
鷲谷いづみ（2010）『〈生物多様性〉入門（岩波ブックレット785）』岩波書店．
Biodiversity Action Plan for Vietnam（1994）．
Canadian Biodiversity Strategy: Canada's Response to the Convention on Biological Diversity（1995）．
Ellison K.（2009）Ecosystem Services – Out of the Wilderness, Frontiers in Ecology and the Environment 7(1): 60.
Indonesian Biodiversity Strategy and Action Plan（2003）．
Millennium Ecosystem Assessment 編（横浜国立大学21世紀COE翻訳委員会訳）（2007）『国連ミレニアム エコシステム評価―生態系サービスと人類の将来―』オーム社．
Ontario's Biodiversity Strategy: Protecting What Sustains Us（2005）．
The New Zealand Biodiversity Strategy（2000）．

第2節 生物多様性プラットフォームの誕生

Episode
1. 2008年，日本の衆議院環境委員会において，生物多様性の現状を環境省としてどのように認識しているのか，との質問がなされた．これに対して，当時の環境大臣は「生物多様性をめぐるこうした国内外の危機的状況に対応して，<u>人類共通の財産</u>である<u>生物多様性</u>を確保して次の世代に確実に引き継いでいくためには，生物の多様性に関連する施策をより一層総合的かつ計画的に推進していくことが必要である……」と答えた．これに対して，質問者は，「ありがとうございます．その認識に全く異論を唱えるものではありません」と同意している[1]．[下線は筆者による]

2. 1999年における日本の医薬品売上高第1位（1885億円）となったのが，血液中のコレステロールを下げる効能を持つメバロチンである．その開発が始まったのは1971年であるが，製品化にあたって必要となる化学反応を起こすためのカギとなる生物資源は長い間見つからなかった．しかし，オーストラリアの砂漠の中からそうした生物資源（具体的にはストレプトマイセス（Streptomyces）と呼ばれる細菌の一種）が発見され，1989年に市場へ投入されるに至ったのである[2]．

Question
1. 生物多様性は「人類共通の財産」なのでしょうか．それともそれが存在する「特定の国の財産」なのでしょうか．
2. メバロチンの商品化に決定的な役割を果たした放線菌は，オーストラリアの砂漠の中で発見されました．この砂漠地帯に暮らしていた先住民族は，次のように主張しています．「自分たちがこの砂漠という生態系を持続可能な形で管理していたからこそ，この放線菌が発見されえた．メバロチンの売り上げの一部は自分たちに還元されるべきである．」あなたはどのように考えますか．

第1章 生物多様性とはなにか

――本節の見取り図――
　前節では，生物多様性の重要性が（生態系）サービスという概念や金銭という価値で表わされつつあることにふれましたが，本節では，より深いレベルでの変化について論じます．生物多様性という考え方が現れ，それが社会における対話のプラットフォーム（基盤）となることによって，地球上の生物種とわれわれの付き合い方のみならず，人間社会の富や権力の意味もが劇的に変化する可能性があります．

1　自然保護の光と影

　生物多様性の確保は，生物多様性条約（1992年採択・1993年発効）が史上初めてめざしたものではありません．それ以前にも，自然保護を目的とする多くの国際ルール（例：ラムサール条約やワシントン条約）があり，生物多様性の確保に一定の成果を上げてきました．しかし，それと同時に，これらの国際ルールには，後述するような問題状況が付随していました．その根本的な原因となったのが，それらのルールが基礎としていた考え方，具体的には，*Episode 1* のような考え方なのです．

（1）　貴重な生物種の保護
　1970年代の自然保護関連の条約は，さまざまな生物種の中でもとくに重要と考えられる生物種を保護しようとするものでした．しかし，「人間にとって重要な生物種を保護する」という考え方は，少なくとも次の2つの面で問題となりえます．
　一つは，人間にとって重要ではない（あるいはその重要性がまだ知られていない）生物種を保護する必要はないのか，という点です．ジャイアントパンダの絶滅が懸念されていますが，前節の *Episode 1* でとりあげた（架空の）小さなゴキブリはより絶滅の危機に瀕しているかもしれません．そして，そのゴキブリがついに絶滅したとしても，多くの人はとくに気にも留めないはずです．しかしながら，われわれの日々の暮らしにとって直接的に重要ではない（ように見える）生物種の絶滅によって，一つの全体としての生態系やわれわれの長期的な存在に影響が出ることはないのでしょうか．また，そもそも種の絶滅の多

くが人の手によることが明らかな状況で，そうした事態を見て見ぬふりをしてもよいのでしょうか．

　もう一つは，むしろ人間の意思決定にかかわる問題です．ある生物種が「重要である」かどうかは，だれがどのように決めればよいのでしょうか．ワシントン条約などでは，生物学的な（Biological）意味での重要性が基準として働き，保護対象種が指定されていきました．その一方で，保護対象となった生物種の生息地やその周辺で暮らす地域の人々の意見にはとくに耳が傾けられることはなかったのです．しかし，国際的なルールで保護対象となった生物種が，地域の人々にとっての重要なタンパク源であったとしたら，どうでしょうか．あるいは，その保護対象種が，地域の人々の健康を脅かすようなものであったとしたら，どうでしょうか．

　これらの側面は要するに，人間のうちでもとくに先進国の人々の価値観にもとづいて「貴重な種」が保護されてしまうという問題を示しています．インドネシアの国家戦略が指摘したのは，まさにこの点でした（前節**表1.1.1**を参照してください）．

（2）　万民の共有物としての生物種

　かつて支配的であった，もう一つの考え方は，「地球上に生存する生物種とその遺伝子は，地球上に暮らす万民の共有物である」というものです．すなわち，1970年代の自然保護関連の条約は，「加盟国の主権を認めつつも，人類共有の財産［としての生物種やその生息地］を国際協力によって守る」（［　］は筆者による）という基本枠組を採用しました．そして，その枠組にもとづいて，貴重な生物種やその生息地をリストアップして保護するという措置を講じてきたのです（吉田 2007, 110以下）．ただし，こうした考え方は，自然保護関係の国際ルールにのみ反映されていたわけではありません．生物資源に関係のある他の国際ルールの中にも，同様のものが数多くありました．1983年の第22回FAO（国連食糧農業機関）総会で採択された「食糧と農業のための植物遺伝資源に関する国際的申し合わせ」は，そうした例の一つとして引き合いに出されています（渡辺・二村 2002, 239）．

　この考え方の響きは美しいのですが，そこで野放しにされてしまっていたの

が，*Episode 2* のような事態でした．このエピソードを紹介した論者は，次のように続けています．

　"メバロチンの商品化にあたっては，オーストラリア産の放線菌［ストレプトマイセス］が決定的な役割を演じているが，この時代にはCBD［生物多様性条約］がなかったので，オーストラリア産であっても誰でもが自由に利用することができたのである．しかし，CBD［生物多様性条約］の観点から考えるならば，このような医薬品開発過程において，他国の生物資源を採集，利用する交渉が必要であり，それが医薬品として商品化されれば，その売上の何パーセントかを原産国にロイヤルティ［使用料］として支払わなければならなかったかもしれない．そこまでして，オーストラリアまで微生物の探索に行ったかどうかははなはだ疑問である．もしもCBDが発効した1993年12月29日以降であったならば，このような発見はなかったかもしれない．"（渡辺・二村 2002, 31）（［　］および下線は筆者による）

　ペニシリンが有名ですが，たとえば，世界で使われている薬剤の25％以上はカビやキノコなどの菌類の成分に由来しているといいます．厄介なのは，こうした生物「資源」が世界にはまだ豊富に存在し，かつ偏在していることです．当然ながら，そうした資源は生物多様性の豊かな途上国に集中的に存在しています．たとえば，ベリーズ共和国のある高山地域には「キノコの宝庫」があり，2007年の調査では，2週間のうちに40種類もの新種のキノコが発見されました[3]．

　生物資源は「万民の共有物である」という考え方の下で，先進国（の企業）がそれを国外へ持ち出し，研究を重ねて商品を開発し，巨万の富を得る一方，その資源の原産国への見返りは特に提供されない．こうした状況は，生物的海賊行為（Biopiracy）と称され，世界各地で多くのエピソードが積み重なっていきました．その一方で，保全を目的とする「貴重種の指定」が国境を越えて行われ，生物資源大国である途上国の不満が募っていったのです．自然保護という耳当たりの良いスローガンもまた，他のすべての事象と同じように，光と影の両方の側面を持ち合わせていたものといえます．

　そうしたときに突如ベルリンの壁が崩れ落ちました．1989年のことです．東

西冷戦構造の崩壊とともに,世界は多極化への道を一気に歩み出し,国際社会での途上国の発言権が高まっていきました（渡辺・二村 2002, 235-6）.そして,偶然にも同じ1980年代の後半,アメリカで生物多様性という言葉がにわかに脚光を浴び始めたのです.

2　生物多様性はどこから来たのか

　生物多様性（Biodiversity）という言葉は,1986年にアメリカで生まれたといわれています.アメリカといえば,主要国の中では唯一,生物多様性条約を批准していない国なので,その国が生物多様性という言葉の母国である,といわれると首をかしげたくなるかもしれません.しかしアメリカの自然保護法のレベルは伝統的に高く,生物多様性関連の国内制度も実は世界の最先端を走っています（畠山 1992および畠山・柿澤 2006）.生物多様性条約の第三の目的（遺伝資源の利用から生じる利益の公正・衡平な配分）が主な理由で,条約の批准に至っていないだけです.

　さて,正確には,生物多様性という言葉は,まったく無の状態から生まれたというわけではありません.1970年代までには,「生物学的な多様性（Biological Diversity）」という学術用語が,欧米の学界を中心に通用し始めていました.また,1980年のアメリカの環境白書でも,その法政策的な重要性がとり上げられています（及川 2003, 194）.この学術用語が簡略化され,1986年9月21日～24日に開催された歴史的なフォーラムの標語となったものです（タカーチ 2006, 54以下）.

　要するに,「生物学的な（Biological）多様性」から「論理的（logical）」を除いただけのことでした.しかし,この単純な操作の余波は計り知れないものとなったのです.2点だけ紹介しておきましょう.

　一つは,論理的という言葉が外れることによって,情緒が入り込む余地が出てきました.すなわち,種の大量絶滅の危機は,必ずや乗り越えられ,救済されていくという救済論的な意味合いを「生物多様性」という言葉は持ちうることになったのです.それによって,「生物学的な多様性」という学術用語には見向きもしなかった市民,企業,行政等が「生物多様性」を意識するようにな

ったといわれています（タカーチ 2006, 393-4）.

　もう一つは，論理的という言葉が外れた代わりに，価値的な側面がクローズアップされたことです．1986年のフォーラムには，生物多様性の（とりわけ金銭的な）価値という論点に吸い寄せられて，「開発の専門家，経済学者，さらに倫理学者や神学者までもが……参加し，生物多様性の危機について議論」を重ねました（タカーチ 2006, 55）．保全生態学の泰斗ウィルソン（Edward O. Wilson）は，このフォーラムについて，

　　"あのフォーラムは多様性と絶滅の起源の生物学についてだけのものではなく，生態学や集団生物学，そしてもっとも新奇な展開としては，経済学，社会学，さらには人文科学にいたるすべての関心のための会議だった"（タカーチ 2006, 56）

と述懐しています．

3　生物多様性条約の策定過程

　こうして振り返ってみると，「貴重な生物種」を「万民の共有物として」保護してきたのが1980年代に入るまでの自然保護の姿でした．そうした考え方にもとづいて作られた法制度は，一定の生物多様性の確保に役立ちましたが，一方では，先進国の価値観のおしつけや生物的海賊行為（Biopiracy）の積み重ねというような影の部分もあわせもっていたのです．そこに生物多様性という，シンプルで，かつ救済論的な響きを持つ，包括概念がアメリカで登場しました．これに，冷戦終結にともなう途上国パワーの台頭という歴史的な偶然が重なって，1992年の生物多様性条約の採択へと至ったように見えます．

　1987年に始められた生物多様性条約の策定過程を振り返って，ある論者は次のように述懐しています．

　　"生物多様性条約草案には，保全上重要な地域をグローバルリストに登録し保全するオーストラリアの提案が盛り込まれていたが，1992年にナイロビで開催さ

れた生物多様性条約準備会合において，開発途上国の反対によって削除された."

"生物多様性条約の草案には，<u>生物多様性は人類の共通財産である</u>と記されていたが，開発途上国の反対により削除され，代わりに遺伝資源の主権的権利が明記された."（下線は筆者による）（吉田 2007, 119）

こうした経緯を見ると，生物多様性という言葉は，自然保護の光と影の両方を飲み込むだけの奥行と広さを兼ね備えたものであることがうかがわれます．

4　プラットフォームとしての生物多様性

　本章で見たように，生物多様性は，さまざまな生態系の恵み（生態系サービス）の物理的な基盤となっています（図1.1.2）．
　そして，自然科学の観点から，その仕組みを解き明かす試みがなされ，経済学的にその価値を金銭で表わそうとする動きも盛り上がってきました．しかし，生物多様性は，生態系サービスの物理的基盤や解説・評価の対象となるだけではありません．
　それは，新たな制度（例：法律や戦略）を生み出すプラットフォーム（社会基盤）ともなっています[4]．図1.2.1で示すように，このプラットフォームで新たな対話が交わされ，そこから新しい制度がいくつも生まれ（例：△△法や●●戦略），古い制度が相次いで改正されています（例：□□法改正）（その一方で，変化を拒み続ける制度も多数存在します（例：××法））．自然科学の知見や経済理論は，制度に書きこまれると，市民生活に多大な影響を及ぼすようになります．それゆえ，まずは，"制度の胎盤"とでもいうべき，プラットフォームの枠組と，そこで展開される「対話」の方向性を捉える作業が重要になるのです．生物多様性という新たなプラットフォームの特徴は，次のように整理できるでしょう．

第1章　生物多様性とはなにか

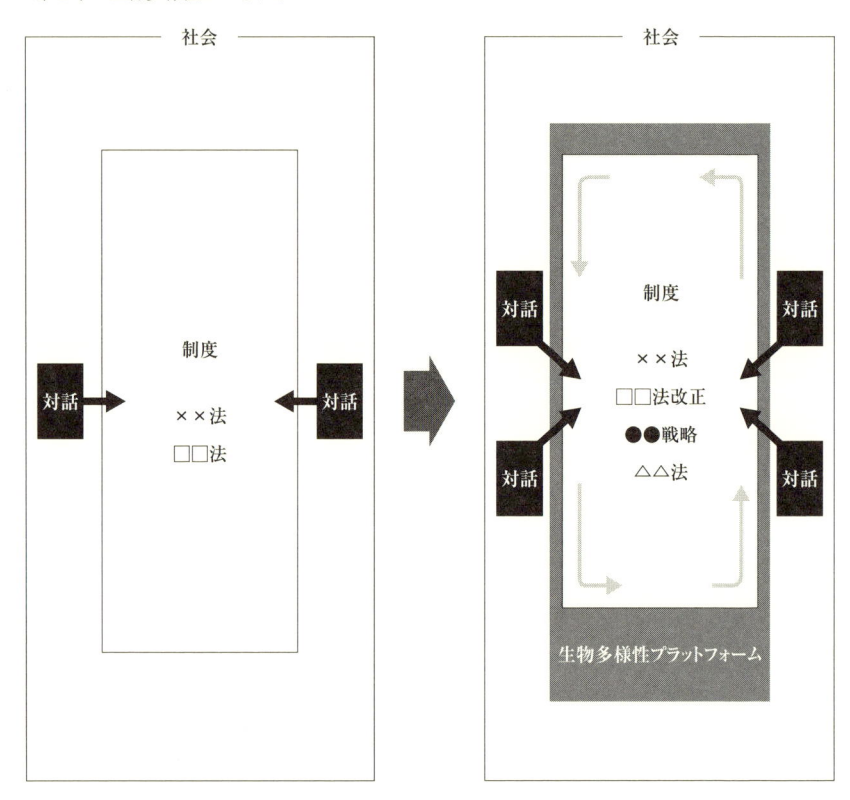

図1.2.1　生物多様性プラットフォームと社会・制度

（1）　枠組としての特徴

「自然保護」や「持続可能な発展」も，プラットフォームの一つです．そこで交わされた対話から，制度が多数つくられました．しかし，自然保護の支持者は，持続可能な発展というフレーズに胡散臭さを感じたのではないでしょうか．それは"トロイの木馬"のようなものであり，開発を進めるための免罪符として使われるのではないか，と．持続可能な発展を支持する側も同じです．自然保護は硬直的に過ぎる．自然資源をうまく使っていかなければ，人間が絶滅危惧種になりかねない，と．

一方，生物多様性条約の目的部分では，生物の多様性の「保全」とその構成要素の「持続可能な利用」が並列におかれました．生物多様性というプラット

フォームの下に，2つのフレーズが並んだのです．

こうすることで，より多くの主体が対話の席につく可能性が高まります．すなわち，保全（自然保護）という看板の集まりには及び腰だった主体が，生物多様性の名の下で足を運ぶ可能性が出てきます．逆に，持続可能な利用の看板には懐疑的であった主体も，生物多様性がテーマであれば，参加を考えるかもしれません．

また，自然保護に反対したり，持続可能な発展に懐疑的な立場をとることはできても，生物多様性の確保に反対したり，その重要性に懐疑的な立場をとることは容易ではありません．種の絶滅が人間の開発行為を主な原因とすることは疑いないですし，生態系サービスの基盤が生物多様性であることも明らかです．この意味でも，生物多様性は，多様な主体が対話を交わすプラットフォームとしての利点を備えていることになります．

(2) 展開される「対話」の方向性

とくに重要であると思われるのが，次の2つです．

一つは，「つながり」です．生物多様性条約でも日本の生物多様性基本法でも，確保の対象としているのは，生物種だけではありません．「生態系の多様性」が対象となっています．熱帯雨林，湖沼，里山，砂漠などの生態系はいずれも，点ではなく面であり，それらは生物と非生物を含んだ多様な要素の「つながり」から構成されています．こうした「つながり」を確保する，という観点から対話を進め，省庁や部局の観点から設計・運用されがちな既存の制度を見直し，複数の制度を横断するような仕組みを設計していかねばなりません．

もう一つは，「衡平性」です．生物多様性が台頭した背景には，自然保護のように生物種を保全の対象として捉えるのではなく，資源としても捉え，その利用をめぐって生じていた不衡平な主体間関係を是正する，という意図がありました．生物多様性条約は，保全と持続可能な利用だけではなく，「遺伝資源の利用から生ずる利益の公正かつ衡平な配分」を目的として定め（1条），各国が「自国の天然資源に対して主権的権利を有する」ことを繰り返しうたっています（前文，3条，15条）．こうした「衡平性」の観点は，国際関係のみならず，里山管理の費用負担のあり方など，国内の生物多様性の確保の文脈でも，

第1章　生物多様性とはなにか

活用されるべきものといえます．

　このような包括性と方向性を備えた，新たなプラットフォームから生まれる対話は，既存の制度（およびそれにもとづく既得権益）とは相容れない部分も多く，制度の改正・設計の平面での衝突が多数起こっているはずです．その衝突が，生物多様性の側に傾いて処理されるならば，多数の主体が参加して意思決定を行う仕組みや「つながり」「衡平性」を確保するための措置が制度化されることになるでしょう（例：**図1.2.1**の□□法改正，●●戦略，△△法）．そのように処理されないとすれば，旧態依然とした制度が浮かび上がってくることになり，それはそれで「今後の課題」としての意味を持つことになります．

注
［1］第169回国会環境委員会第9号（2008年5月20日）会議録（http://www.shugiin.go.jp/index.nsf/html/index_kaigiroku.htm）参照（2010年5月15日アクセス）
［2］渡辺・二村（2002）31-32参照．
［3］National Geographic News（http://news.nationalgeographic.com/news/2008/10/081031-belize-mushroom-missions.html）参照（2010年5月12日アクセス）．
［4］タカーチ（2006）321以下，およびEscobar（1998）55参照．

引用文献
及川敬貴（2003）『アメリカ環境政策の形成過程―大統領環境諮問委員会の機能―』北海道大学図書刊行会．
デヴィッド・タカーチ（狩野秀之・新妻昭夫・牧野俊一・山下恵子訳）（岸由二解説）（2006）『生物多様性という名の革命』日経BP社．
畠山武道（1992）『アメリカの環境保護法』北海道大学図書刊行会．
畠山武道・柿澤宏昭編著（2006）『生物多様性保全と環境政策―先進国の政策と事例に学ぶ―』北海道大学出版会．
吉田正人（2007）『自然保護―その生態学と社会学―』地人書館．
渡辺幹彦・二村聡編著（2002）『生物資源アクセス：バイオインダストリーとアジア』東洋経済新報社．
Escobar, A.（1998）"Whose Knowledge, Whose Nature? – Biodiversity, Conservation, and the Political Ecology of Social Movements," *Journal of Political Ecology* 5: 53-82.

第 2 章
生物多様性はルールにできるのか

第 1 節 制度生態系の成立

Episode

　生物多様性の確保に関連する法制度は多様である．「生物多様性条約」「生物多様性基本法」「生物多様性国家戦略」「生物多様性地域戦略」など．しかし生物多様性の名を冠していないその他多くの法制度もまた，生物多様性の確保に多大な貢献をしている．国際的なものであれば「カルタヘナ議定書」や「ボン・ガイドライン」，国内的なものであれば「環境基本法」「環境基本計画」「自然環境保全法」「自然公園法」「鳥獣保護法」「種の保存法」や自治体の条例等々があり，枚挙にいとまがない．

Question

1. 条約と法律はどのような関係にあるのでしょうか．
2. 法とは「法律」のことだと思っていました．「計画」や「戦略」と「法律」はどのように違うのでしょうか．
3. *Episode* によれば「枚挙にいとまがない」とのことですが，生物多様性関係の国内法を体系的に捉えることはできないのですか．

本節の見取り図

　日本には多くの法（たとえば，法律の数は1800を越えるといわれる）があります．そのうちのどれだけが生物多様性の確保に関係しているのかは，よくわかっていません．ただし，生物多様性条約を批准した1992年以降，日本では法律の改正や新法の制定が相次いでいます．本節では，生物多様性という新たなプラットフォーム（基盤）の上に現れつつある「制度生態系」の姿を試論的に示します．

1　法について

（1）　法とはなにか

　贈物をもらったらできるだけ早く御礼状を出す，エスカレーターでは左側（関西では右側）に立つ，無免許で車を運転してはならないなど，わたしたちの社会には膨大な数のルール（規範）が存在しています．法とは，これらのルールのうち，一定の手続を経て定められ，一定のかたち（形式）を備えることにより，市民の生活，行政活動，それに裁判官の判断を拘束するようになったものをいいます．そして，そうした一定のかたち（形式）を備えたものを法源（ほうげん）といい，それらは，文字で書かれた成文法源（例：条約や法律）と文字で書かれていない不文法源（例：慣習法や社会通念）とに大別されます．本書でとり上げるのは主に，この成文法源（**表2.1.1**）であり，その中でもとくに法律に注目します．法律は，憲法や国会法などの手続に従い，主権者である国民の代表が集まる国会の議決を経て定められます．次節以降で説明するように，生物多様性の確保の場面でも，膨大な数の法律がさまざまな機能を果たしています．

表2.1.1　主要な成文法源[1]

(1)	憲法	わが国の最高法規．憲法に違反する法律は違憲となり，その法律に効力はない（憲98条1項）	日本国憲法
(2)	条約	国際的な取り決めで，内閣が締結し（憲73条3号），国会が承認する（同61条）	生物多様性条約，ワシントン条約，ラムサール条約，気候変動枠組条約など
(3)	法律	本文を参照	環境基本法，生物多様性基本法，自然公園法，森林法，河川法，カルタヘナ法，外来生物法など

（2）　国際制度と国内制度

　条約と国内の多くの法律は，どのような関係にあるのでしょうか．国と国との取り決めである条約の規定を，個人の権利義務に関係する問題の解決に，そのまま（それに対応する何らかの国内的な措置をとることなく）適用するのは容易ではありません．しかし条約やそれにもとづく議定書（条約の中で曖昧に書い

第2章 生物多様性はルールにできるのか

ていた部分を具体化するもの）などは，国内の法制度の発展に直接・間接的な影響を及ぼしてきました．たとえば，気候変動枠組条約（1994年発効）や京都議定書（2005年発効）は，温暖化防止関連の法律や条例の制定・改正と深く関係しています．そこで，生物多様性条約の採択後のわが国の国内制度の変化を簡単に振り返っておきましょう．

　日本は1992年に生物多様性条約を批准し，その締約国となりました．締約国は条約に定められた趣旨の法律を直ちにつくるとは限りませんが，条約が特定の国内制度の構築を求めている場合には，そうしなければなりません．生物多様性国家戦略の策定（日本の最初の国家戦略の策定は1995年）は，そうした条約上の義務の一つです．また，議定書の批准や発効との関係でも，国内の法制度整備が進みます．生きている遺伝子組換え生物（例：農薬耐性遺伝子が組み込まれたトウモロコシ）の管理に関する「バイオセイフティに関するカルタヘナ議定書」（2000年採択）を批准するために，日本が制定したのが，いわゆるカルタヘナ法（2003年制定）です（本書3章1節）．

　さらに，条約関連のさまざまな出来事（例：締約国会議で採択される声明や文書）を契機として，必要な国内法の整備が進められる場合もあります．日本の外来生物法の制定（2004年）は，生物多様性条約の第6回締約国会議（COP 6）(2002年）で指針原則が出されたことが，一つの契機になったといわれています（大塚 2004, 69）．また，同じCOP 6で採択された，生物多様性の損失速度を2010年までに顕著に減少させる，という中身の「2010年目標」は，日本の国家戦略等で言及され，多くの国内法制度を強化する契機となりました（ただし，この目標が達成されなかったことは，2010年5月に公表された「地球規模生物多様性概況第3版（GBO 3：Global Biodiversity Outlook 3)」と題する報告書で明らかになりました）．

　なお，この目標の次の10年に向けての目標が，「ポスト2010年目標」です．ポスト2010年目標については，COP10開催国である日本が，個別目標ごとの達成手法や数値指標の導入などを含んだ「日本提案」を条約事務局に提出しました．これが基礎となって，COP10で採択に至ったのが，「愛知ターゲット」です．

表2.1.2　ポスト2010年目標日本提案の概要

1	中長期の目標（2050年） 人と自然の共生を世界中で広く実現させ，生物多様性の状態を現状以上に豊かなものとするとともに，人類が享受する生態系サービスの恩恵を持続的に拡大させていく．
2	短期の目標（2020年） 生物多様性の損失を止めるために，2020年までに， ① 生物多様性の状態を科学的知見に基づき地球規模で分析・把握する．生態系サービスの恩恵に対する理解を社会に浸透させる． ② 生物多様性の保全に向けた活動の拡大を図る．将来世代にわたる持続可能な利用の具体策を広く普及させる．人間活動の生物多様性への悪影響を減少させる手法を構築する． ③ 生物多様性の主流化，多様な主体の参画を図り，各主体により新たな活動が実践される．
3	個別目標 (1) 生物多様性への影響が間接的で広範な主体に関連する目標 　個別目標A：生物多様性の保全と持続可能な利用に対する多様な主体の参加を促進する． 　個別目標B：開発事業，貧困対策と生態系の保全を調和させるための手法を普及・確立させる． (2) 生物多様性への影響が直接的で対象が限定される目標 　個別目標C：生物資源を用いる農林水産業などの活動において，持続可能な方法による生産の比率を高める． 　個別目標D：生物多様性への脅威に対する対策を速やかに講じる． (3) 生物多様性の状態それ自体を改善するための目標 　個別目標E：生物種を保全する活動を拡充し，生態系が保全される面積を拡大する． (4) 生物多様性が人間にもたらす恩恵に関する目標 　個別目標F：生態系サービスの恩恵を持続的に享受するための仕組を整備し，人類の福利向上への貢献を図る． (5) 上記の目標を効果的に実現するための目標 　個別目標G：伝統的知識の保護とABS（遺伝資源へのアクセスと利益配分）の取組を促進するための体制を整備する． 　個別目標H：地球規模で，生物多様性及び生態系サービスの状態を的確に把握し，その結果を科学的知見に基づく分析評価するとともに，それに対する認識を広め，理解を促進する． 　個別目標I：生物多様性の保全と持続可能な利用を達成するための資金的，人的，科学的，技術的な能力を向上させる．
4	個別目標ごとの達成手法や数値目標等
5	目標の実施，報告，見直し

出典：日本国政府が2010年1月6日に生物多様性条約事務局に提出した「ポスト2010年目標日本提案」にもとづいて筆者が作成した．

（3）なぜ法に注目するのか

　生物多様性をいかに確保するかを考えるにあたって，なぜ法についての知識にふれておくべきなのでしょうか．いろいろな答え方がありますが，本書では，次のように説明しておきます．

　たとえば，前章では，「生物多様性がなぜ重要なのか」について，倫理的，経済的，自然科学的な観点からのさまざまな考え方を紹介しました．これらそれ自体に意味があることは確かですし，社会的に重要であることは言うまでもありません．しかしながら，これらの考え方が一人ひとりの市民に最も強力に影響するのは，その趣旨が法（例：条約や法律）に文字として書き込まれた場合です．

　大雑把にいえば，法にはパワー（いわゆる権力）が書き込まれます．パワーには，自分のために使うパワー（いわゆる権利）と他人のために使うパワー（いわゆる権限）がありますが，ほとんどのパワーは法に書き込まれて初めて使うことが許されます（法目的の達成に必要な限りにおいて）．ある科学者がAという魚種の類まれな貴重さを発見したといっても，法に書き込まれたパワー（権限）なしに，その漁獲行為を禁止することはできません．同じように，行政当局がどれだけ正確に生物多様性の金銭的価値を評価できる手法を開発したとしても，法に書き込まれたパワー（権限）なしに，その評価手法の採用を開発業者に強いることはできないのです．

　また，法はパワーの行使を正当化するだけのものではありません．法はそこに掲げた目的の達成，つまり執行を予定されており，そのための財の手当（いわゆる予算）がなされます．そして，当該予算の少なからぬ部分は，新たな科学技術的知見の獲得や社会経済的理論の発展等へと向けられることになります．

　Episode のように，生物多様性についても，すでに多くの法がつくられ，使われ，それらが社会におけるパワーや財の源泉となっています．関連する法の全体像を捉える作業なしに，生物多様性がプラットフォームとなる今後の社会のあり方を論じることはできません．

2 生物多様性と法のアンブレラ（傘）

関連制度の見取り図を試論的に作成してみました（図2.1.1）．

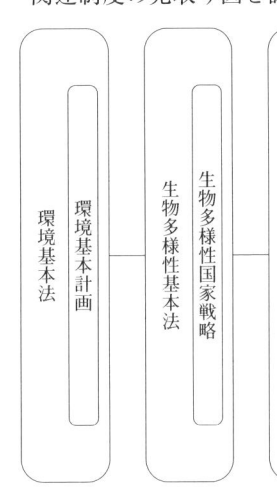

```
┌─────┐ ┌─────┐ ┌─────┐ ┌──────────────────────────────────┐
│環境基│ │環境基│ │生物多│ │・自然環境保全法                  │
│本法  │ │本計画│ │様性基│ │・自然公園法                      │
│      │ │      │ │本法  │ │・鳥獣保護法（鳥獣の保護及び狩猟の│
│      │ │      │ │      │ │  適正化に関する法律）            │
│      │ │      │ │生物多│ │・種の保存法（絶滅のおそれのある野│
│      │ │      │ │様性国│ │  生動植物の種の保存に関する法律）│
│      │ │      │ │家戦略│ │・文化財保護法                    │
│      │ │      │ │      │ │・都市計画法：市街化調整区域制度  │
│      │ │      │ │      │ │・森林法：保安林制度              │
│      │ │      │ │      │ │・漁業法：制限区域制度            │
│      │ │      │ │      │ │・河川法：河川管理施設としての樹林帯│
│      │ │      │ │      │ │・カルタヘナ法（遺伝子組換え生物等│
│      │ │      │ │      │ │  の使用等の規制による生物の多様性│
│      │ │      │ │      │ │  の確保に関する法律）            │
│      │ │      │ │      │ │・外来生物法（特定外来生物による生│
│      │ │      │ │      │ │  態系に係る被害の防止に関する法律）│
│      │ │      │ │      │ │・自然再生推進法　他              │
└─────┘ └─────┘ └─────┘ └──────────────────────────────────┘
```

図2.1.1　生物多様性と関連制度の見取り図

これは，生物多様性に関連する理念や基本原則等を掲げた法律の下に，さまざまな国内制度が緩やかにとりまとめられている様子を描いたものです．まず指摘できるのは，生物多様性の確保が，相互に関連性のない多くの個別法によっている，という事実です．**図2.1.1**の右側に大きく陣取っている法律群は，それぞれ異なる目的を有し，異なる主体によって提案・検討され，まったく別々の時期に成立しました．その一方で，それらは直接・間接的に生物多様性の確保に関係しているため，便宜上，ひとまとめにして並べられています．

これらのバラバラな個別法をいかに取りまとめ，共通の方向へ導いていくかが，日本の生物多様性関連法制における長年の課題でした．近年，この課題への対応が進み，ようやく**図2.1.1**のような「法体系」らしきものの姿が（試論的にではありますが）捉えられるようになってきたのです．そこで，**図2.1.1**の左側の，いわゆるアンブレラ（雑多な個別法をとりまとめるアンブレラ）の部分について，各法が整備された順に説明を加えていくことにしましょう．なお，本

書でいう「国内制度」とは主に法律を念頭においています．

(1) 環境基本法

わが国は生物多様性条約を1993年に批准し，同じ年に環境基本法が制定されました．この法律は，対症療法型の汚染規制を旨とする従来の公害対策基本法の代替物であり，環境の恵沢の享受と継承，環境負荷の少ない持続的な発展が可能な社会構築，国際的協調による地球環境保全の積極的推進という3つの基本理念（3～5条）の下に，環境保全のためのさまざまな施策を総合的・計画的に進めていく「枠組法」的な性質を有しています（大塚 2010, 21）．この法律では，生物多様性の確保について，「生態系が微妙な均衡を保つことによって成り立って」（3条）いるという認識を示し，さらに，「生態系の多様性の確保，野生生物の種の保存その他の生物の多様性の確保」（14条2号）を進めると定めました．

この14条2号については，日本の環境政策が，天然記念物（文化財保護法），絶滅危惧種（種の保存法），自然公園地域（自然公園法）のような「貴重な生物種」およびそれを含んだ地域の保護から，貴重ではない生物種も含んだ「あらゆる」生物種とその「つながり」を保全する，という生物多様性の理念への接近を示したものと考えられています（畠山 2004, 29）．しかしながら，前述のように，環境基本法は理念や原則の提示を中心的な役割とする枠組法であり，同法15条1項でつくられる環境基本計画にも，生物多様性の確保のための記述は十分とはいえませんでした．そこで当時，生物多様性の確保に関する多くの施策を総合し，全体として進むべき方向性を提示する役割は，条約にもとづいて策定される国家戦略へ委ねられたのです．

(2) 生物多様性国家戦略

図2.1.1は，「現在」の法体系らしきものを示していますが，2008年まで，生物多様性基本法は存在していませんでした．それに代わって，アンブレラ法的な機能を果たしていたのが，生物多様性国家戦略です．生物多様性条約は，締約国に対し，生物多様性の保全と持続可能な利用のための国家戦略または計画を作成するよう求めています（6条(a)）．これが日本で「生物多様性国家戦略」

として知られるものです。

　この戦略は閣議決定を経て策定されますが、国会で制定される法律とは違います。いわゆる行政計画の一種です。行政計画は、行政上に用いられる計画であり、行政機関が、行政上の目標を設定し、その目標を達成するための手段を総合することによって示された行政活動基準です（西谷2003, 5）。行政計画の多くがそうであるように、生物多様性国家戦略も、行政内部の活動ルールにすぎません。それは、その外部の企業や一般市民に対する規制的な効力（例：特定行為の禁止）や給付的な効力（例：補助金の拠出）を定めるものではないのです。日本の国家戦略を一瞥しても、そのような規定は見当たりません。

　それでは、行政計画としての戦略は「画餅にすぎない」のでしょうか。生物多様性国家戦略の意義としては、少なくとも次のような点を指摘できます。

① アンブレラとしての意義

　図2.1.1の右側で列挙されているように、生物多様性の確保に関するパワー（権限）は多くの法律に分散しています。生物多様国家戦略は、バラバラに進められがちな国の施策全体を見渡し、今後の方向性を示すポイントとなります。

② 予算措置を講じたり、新たな施策を展開したりするための根拠

　国家戦略は法律ではないし、法律にもとづいて作られていたわけでもありません。しかし、それは閣議決定を経て策定された一つの「規範」です。予算措置を講じたり、新たな施策の展開を試みたりする行為は、何らかの「規範」が存在して初めてなしうるものです。

③ 法の未整備領域の特定とそれへの対応

　①②とも関連しますが、施策全体を見渡し、新たな施策の展開を模索する作業は、個別法が整備されていない領域を特定することと同義です。戦略策定過程で特定された、法の未整備領域について、戦略の本文中で具体的な提言を行うことが考えられます。

　日本の最初の国家戦略は1995年に策定されましたが、数年おきに内容が見直

され，2002年に第二次戦略，2007年には第三次戦略が策定されました．1995年の戦略は各省庁の施策の寄せ集めにすぎないと酷評されましたが，2002年の戦略は，生物多様性がわが国社会にもたらすさまざまな恵み（本書1章1節で紹介した生態系サービス）を認識し，その基盤となる生物多様性の確保に言及しました．そして，それが直面する危機を

第1の危機（開発や乱獲による種の減少・絶滅，生息地の減少）
第2の危機（里地里山などの手入れの不足による自然の質の変化）
第3の危機（外来種などの持ち込みによる生態系の攪乱）

に整理し，関連する多くの施策の糾合と新たな施策の展開（例：外来生物法の制定やSATOYAMAイニシアティブの推進）を図っています．2007年の第三次戦略では，一定の関連施策について，数値目標が設定されるに至りました．

このように，かつての国家戦略は，環境基本法の規定の具体化，関連する多くの個別法の緩やかなとりまとめ，新たな施策展開のための契機などの役割を果たしていましたが，法律にもとづくものではありませんでした．それらの国家戦略はすべて，法律ではなく，生物多様性条約6条(a)を根拠として策定されていたのです．

(3) 生物多様性基本法

アンブレラ法の役割は，生物多様性国家戦略が長期（1995年～2007年）にわたって担ってきたのですが，ようやく2008年にわが国独自の法律が制定をみました．生物多様性基本法です．この法律は，環境基本法の理念にのっとり，生物多様性の保全・持続可能な利用についての基本原則や関連施策の基本事項（生物多様性国家戦略を含む）を定めたものです．同法では，前文で立法事実に係る簡潔な整理がなされた後，次のような規定がおかれました．

① 総則（1-10条）

総則中の目的部分では，生物多様性の保全と持続可能な利用への言及がなされている一方で，衡平性の確保に関する文言は見当たりません（1条）．生物

多様性条約では，保全と利用のみならず，「遺伝資源の利用から生ずる利益の公正かつ衡平な配分をこの条約の関係規定に従って実現すること」をも目的としています（1条）が，日本の基本法では対応する定めはおかれませんでした．定義（2条）については，条約にならった中身が定められ，基本原則（3条）としては，予防原則（予防的アプローチともいう）と順応的管理の併用が明らかにされています（3条3項）．主要な立法者は，そこに定められた予防原則を，

> 科学的知見が十分でないことをもって対策を先送りする理由とせず，知見の充実に努めつつも，生物多様性が変化する前に対策を講ずる

アプローチとして説明する一方で，順応的管理については，

> 事業等の着手後においても生物多様性の状況を絶えず監視し，その結果に科学的な評価を加えてこれをその事業の手法等に（当該事業の中止等も含めて）反映させる

アプローチとして説明しています（谷津ほか 2008, 30）．ただし，遺伝子組換え生物や外来生物の規制・管理（本書3章1節）を除いて，生物多様性の確保における予防原則の適用の中身がどのようなものとなるのかは明確ではなく，議論が続いています（藤見 2009）．なお，順応的管理については，本書3章2節のコラム（「順応的管理と法」）で，もう少しわかりやすい説明をしているので，参照してください．

② 生物多様性戦略（11-13条）

生物多様性国家戦略については，それが法律に根拠を有するものとなることが明らかにされました（11条）．また，従来，生物多様性の確保については，国家戦略以外にも，複数の行政計画（環境基本計画および国が策定するその他の行政計画）が乱立し，どれが基本となるのかが不明でしたが，その関係が整理されました．すなわち，

・生物多様性国家戦略は，環境基本計画を基本として策定するものとし，
・森林・林業基本計画等その他の国の計画のうち，生物多様性の保全および持続可能な利用に関する事項は，生物多様性国家戦略を基本とする

こととなったのです（12条）．さらに，生物多様性戦略の策定主体が国だけではないことも明らかにされました（13条）．努力義務という書き方になっていますが，自治体レベルの自然資源管理戦略が，「生物多様性地域戦略」という法律にもとづく制度として位置づけられたのです．この制度については，本書後半で集中的に扱います（第4章）．

③ 基本的施策（14-27条）

基本的施策としても，多くのメニューが掲げられました．豊富なメニューの中でも，アメリカ等で実践が進んでいる協働型自然資源管理（21条）や，いわゆる戦略的環境アセスメント（事業の実施段階ではなく，その計画段階での環境影響評価）（25条）の推進を謳った点が注目されます．

④ 附則

生物多様性基本法の隠れた重要規定が，附則第2条です．そこでは，政府を名宛人として，

> この法律の目的を達成するため，野生生物の種の保存，森林，里山，農地，湿原，干潟，河川，湖沼等の自然環境の保全及び再生その他の生物の多様性の保全に関する施行の状況について検討を加え，その結果に基づいて必要な措置を講ずるものとする

と定めました．附則とはいえ，この規定の制度設計面での影響は無視できないものとなっていくでしょう．というのは，今後，生物の多様性の保全に関係する法律がすべて，この規定に則った検討の対象となり，結果次第では，法改正までもが視野に入ってくるからです．実際，わが国では，1990年代中盤以降，開発推進法や産業保護法の「環境法化」が進行中（本書2章3節）であり，こ

の規定はそうした動きを国会がバックアップしたという意義を有しています．

（4） 生物多様性国家戦略2010

2010年3月，生物多様性基本法にもとづく初めての法定戦略が，閣議決定を経て，公表されました．『生物多様性国家戦略2010』です．

新戦略の第1部（戦略編）では，目標年を明示した総合的・段階的な目標が初めて設定されました．2020年までに達成する短期目標（現状の分析や手法の構築など）と2050年までに達成する中長期目標（生物多様性の状態を現状以上に豊かなものとする）が掲げられています．国際的な取組の推進としては，SATOYAMAイニシアティブの推進や生物多様性における経済的視点の導入など，国内施策の充実・強化としては，海洋の保全・再生の強化（例：海洋生物多様性保全戦略の策定や海洋保護区の設定の推進）や3つの社会（自然共生社会，循環型社会，低炭素社会）の統合的な取組の推進などが挙げられました．そして，第2部（行動計画編）で，約720の具体的施策と35の数値目標が記されています（環境省編2010）．

3 個別法の分類

基本法や国家戦略が整備されたおかげで，アンブレラの部分が確かなものとなり，図2.1.1のような試論を描くこともできるようになってきました．しかし，すでに指摘したように，生物多様性の確保は，多くの個別法によってなされているのが実状です．冒頭の*Question 3*に記したように，バラバラな個別法を「体系的に捉える」術はないのでしょうか．これも試論的なものにすぎないのですが，本書では，「枚挙にいとまがない」ように見える生物多様性関連の法律群を次のように分類してみました（図2.1.2）．

第1のカテゴリーは，野生動植物や自然景観の保護を直接の目的として制定された法律群です．このカテゴリーに属する法律群は，一般人がイメージするところの「自然保護法」であり，生物多様性の確保に大いに貢献してきました．そこでは，一定の広さの地域や特定の生物種が保護対象として指定され，人間

第2章 生物多様性はルールにできるのか

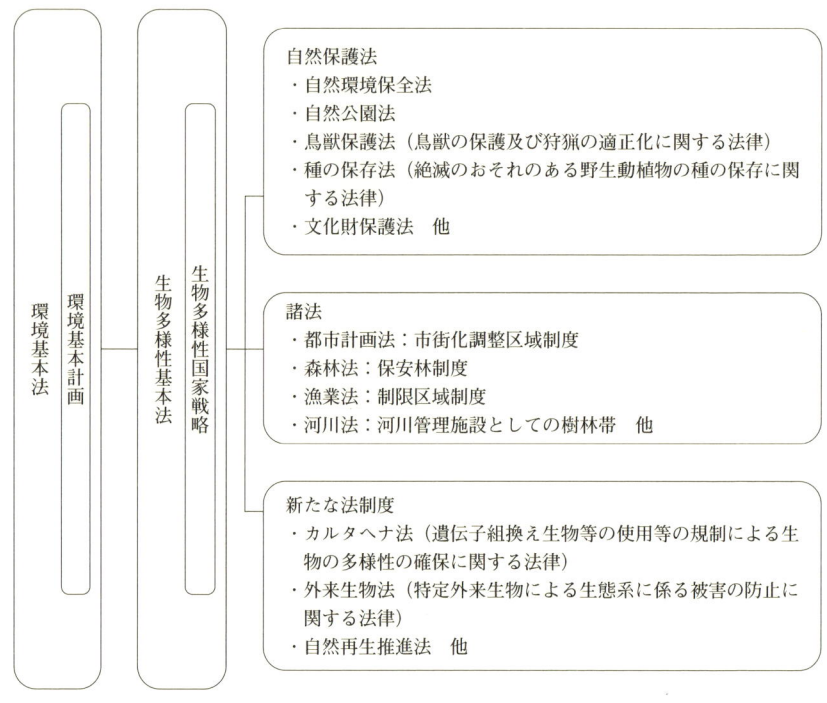

環境基本法
├ 環境基本計画
└ 生物多様性基本法
   └ 生物多様性国家戦略
      ├ 自然保護法
      │ ・自然環境保全法
      │ ・自然公園法
      │ ・鳥獣保護法（鳥獣の保護及び狩猟の適正化に関する法律）
      │ ・種の保存法（絶滅のおそれのある野生動植物の種の保存に関する法律）
      │ ・文化財保護法　他
      ├ 諸法
      │ ・都市計画法：市街化調整区域制度
      │ ・森林法：保安林制度
      │ ・漁業法：制限区域制度
      │ ・河川法：河川管理施設としての樹林帯　他
      └ 新たな法制度
         ・カルタヘナ法（遺伝子組換え生物等の使用等の規制による生物の多様性の確保に関する法律）
         ・外来生物法（特定外来生物による生態系に係る被害の防止に関する法律）
         ・自然再生推進法　他

図2.1.2　個別法のカテゴリー

活動への制限（いわゆる規制）がかけられるほか，各種の関連事業（例：国立公園整備事業）が実施されるのが普通です．

第2のカテゴリーは，生物多様性の確保を直接の目的として制定されたわけではないものの，近年の法改正によって，生物多様性の持続可能な利用との関係が益々重要になっている法律群です．開発抑制規定を備えた開発法や資源保護規定を含んだ資源管理法などが含まれます．

第3のカテゴリーは，2000年以降に新たに制定された法律群です．生態系サービスの劣化の最大の原因は現在も「人の手による開発行為」ですが，科学技術の発展やグローバル化の進展にともなって顕著になってきた新しい問題（例：遺伝子組換え生物や侵略的外来種のリスク）に対して，新たな問題意識（例：科学的不確実性や負のストック）や手法（例：リスク評価や自主的手法）での対応が書き込まれているのが特徴です．

4　制度生態系とその管理

　以上のように，生物多様性という新たなプラットフォーム（本書1章2節）の上に，多様な中身の制度が姿を現しつつあります．それらの制度は，相互の「つながり」を志向したり，反発したり，同じ問題を扱っているのに互いに無関心を装ったり等のさまざまな関係にあります．そして，生物多様性プラットフォームを通じて交わされる対話に応じて，絶えず変化（例：法改正）していきます．

　こうした状態は，森林や砂漠等の自然生態系とそこに生息する多様な生物間の関係を彷彿させるものではないでしょうか．

　そこで，本書では，本節のタイトルにも示したように，生物多様性というプラットフォームの上に，多様な制度を構成要素とする「制度生態系」なるものが醸成されつつあると観念しました．このような捉え方をすることにより，一つひとつの制度（例：○○法）を単体で考察するだけではなく，それらの関係，つまり，制度の「つながり」（例：○○法と△△法）という観点から考察することができます．そして，これによって，個別の制度にもとづく「縦割り」の弊害が明確に浮かび上がり，それへの対処のあり方をより具体的に論じられると考えました．

　本章の残りの部分と第3章では，この生態系の構成要素となる制度が具体的にどのようなものなのか，それらの「つながり」はいかに確保されているのか（あるいは，されていないのか），そして，全体としていかなる方向へ発展していこうとしているのか等について，考察を進めます．こうした考察を通じて，今後の「制度生態系の管理のあり方」（これまでの言い方であれば「制度設計のあり方」）を論じる手がかりを得ることがねらいです．

注
［1］　その他の主要な成文法源として，命令，条例，（地方公共団体の）規則があります．法源については，畠山・下井（2012）第3講でわかりやすい説明が施されています．

第 2 章　生物多様性はルールにできるのか
引用文献
大塚直（2004）「未然防止原則，予防原則・予防的アプローチ（3）──わが国の環境法の状況（2）」『法学教室』286：63-71.
───（2010）『環境法（第 3 版）』有斐閣.
環境省編（2010）『生物多様性国家戦略2010』ビオシティ.
西谷剛（2003）『実定行政計画法』有斐閣.
畠山武道（2004）『自然保護法講義（第 2 版）』北海道大学図書刊行会.
畠山武道・下井康史編著（2012）『はじめての行政法（第 2 版）』三省堂.
藤見俊夫（2009）「自然資本の管理における予防原則とリスク分析──科学的不確実性下における合理的な政策決定に向けて──」浅野耕太編著『自然資本の保全と評価』29-50，ミネルヴァ書房.
谷津義男ほか（2008）『生物多様性基本法』ぎょうせい.

第2節　進化する自然保護法——生物多様性の保全

Episode

　日本の種の保存法にもとづいて保護対象種に指定された野生動植物（9条）を傷つけた者は，1年以下の懲役または100万円以下の罰金に処せられる（58条1項）．刑罰に処せられるのが好きな人は少ないので，こうした規定は生物多様性の確保に一定の役割を果たしてきたように見える．しかし，これまでに指定を受けた野生動植物は81種にすぎない．その一方で，環境省のレッド・データブックによれば，日本で絶滅の危機に瀕している野生動植物種の数は2955種（2007年）に上る．［なお，ここでの数字は2010年当時の制度状況にもとづいています．］

Question

1. *Episode*のような特定の生物種の指定・保護のほかに，生物多様性を保全するためのアプローチとしては，どのようなものがあるのでしょうか．
2. アメリカの種の保存法にもとづいて，現在，指定を受けている野生動植物は1374種に上ります[1]．なぜ，指定種の数にこれほどの違いが生まれるのでしょうか．

---　本節の見取り図　---

　自然公園法や鳥獣保護法などの，いわゆる自然保護法は，生物多様性条約の発効（1993年）よりもはるか以前から存在していました．しかし，生物多様性という考え方の台頭をうけて，近年はその改正が相次いでいます．本節では，日本の自然保護法のなにが変わって，なにが変わらないままなのかを明らかにしていきます．なお，本節の説明は2010年当時の制度状況にもとづいています．

1　自然保護法とはなにか

　日本の生物多様性は，多くの「環境法」によって，その保全が図られてきました．数ある環境法のうち，とりわけ大きな貢献をしてきたのは，いわゆる自然保護法です．自然保護法として，どの法律を挙げるかは人によってまちまちですが，一般人が持つ「自然保護法」のイメージに最も近いものは，法律の名前に，自然，鳥獣，種などの文言を冠したものでしょう．日本では，これらの法律にもとづき，特定の生物種や一定の広さの地域を保全すべき対象として指定し，関連する人間活動への規制をかけるほか，その地域や種を管理するための各種事業（例：国立公園整備事業）が実施されてきました．

　なお，環境法のうち，大気汚染や水質汚濁に対する規制と違法行為への取締りのためのルールである公害規制法（例：大気汚染防止法や水質汚濁防止法）も，生物多様性の確保に貢献してきたことは疑いありません．たとえば，水質汚濁防止法で設定される水質基準にしたがって，工場等から河川に流れ込む汚染物質の量はコントロールされてきました．これによって，河川に生息する多くの生物種が保全されてきたのです．本節では，これらの公害規制法が，近年，生物多様性・生態系の観点から，改正・強化されている動向についても簡単にふれます．

2　自然保護法の手法

　いくつかの具体的な法律名を挙げながら，自然保護のための主要な2つの法的手法について説明します［法律名に下線を引きました］．なお，それぞれの法律の構造を詳しく知ることも大事ですが，それについては，代表的な法律の構造を簡単に整理した表を用意したので，適宜参照してください（後掲**表2.2.2**）．

（1）　ゾーニング

　一定の区域を指定し，その区域内での一定の行為に制限を加える（いわゆる規制）という手法をゾーニング（zoning）といいます．そして，通常，この規

制は罰則などによって実効性が担保されています．たとえば，国立公園は<u>自然公園法</u>にもとづいて指定される保護地域ですが，最も規制が厳しい区域（特別保護地区という．**図2.2.2**を参照）では落ち葉を拾って持ち帰ることさえも刑罰の対象となっています．もちろん，こうした規制には強弱がありますが，一定の広さの地理的空間が法定ゾーニングの対象となることで，直接・間接的に生物多様性の保全が図られてきました．日本における主要な指定地域の数や面積は次のとおりです（**表2.2.1**）．

これらの保護地域は，わが国の全陸地面積の17％に及んでいます．この数字は世界全体および世界の他の地域に比べても少ないものではありません．むしろ，突出しているようにも見えます（**図2.2.1**）．

しかし，この数字を見るときに注意すべき点が2つあります．一つは，すでに述べたように，保護区域の規制には強弱があることです．たとえば，日本の国立公園は，規制の弱い普通地域に指定されている部分が多く（29％），そこでは観光客相手の商業施設はもちろん，たとえば新興宗教団体の施設もが建設されていました．ゾーニングには，指定された地域の広さだけではなく，規制の強度という側面があることは見逃せません（**図2.2.2**）．

表2.2.1　主要な指定地域の箇所数・面積

保護地域名等	地種区分等	年月	箇所数等	年月	箇所数等
自然環境保全地域	原生自然環境保全地域の箇所数（面積）	H14.3	5地域（5,631ha）	H20.3	5地域（5,631ha）
国立公園	箇所数（面積）	H14.3	28公園（2,057千ha）	H21.3	29公園（2,087千ha）
国定公園	箇所数（面積）	H14.3	55公園（1,343千ha）	H21.3	56公園（1,362千ha）
国指定鳥獣保護区	箇所数（面積）	H14.3	54ヶ所（494千ha）	H21.3	69ヶ所（548千ha）
生息地等保護区	箇所数（面積）	—	—	H21.3	9ヶ所（885ha）
保安林	面積（実面積）	H14.3.31	9,052千ha	H20.3	11,876千ha
国有林	森林生態系保護地域の箇所数（面積）	H14.4.1	26ヶ所（320千ha）	H20.4	841ヶ所（780千ha）
国有林	緑の回廊の箇所数（面積）	H17.4	19ヶ所（391千ha）	H20.4	24ヶ所（509千ha）

出典：わが国の環境白書にもとづいて筆者が作成した．

第2章　生物多様性はルールにできるのか

地域	割合(%)
日本	17.0
世界全体	12.9
アフリカ	10.1
中東	15.2
ヨーロッパ・ユーラシア	9.6
アジア	14.1
北アメリカ	17.7
南アメリカ	20.8
オセアニア	18.7

出典：平成21年版環境白書48頁にもとづいて筆者が作成した．

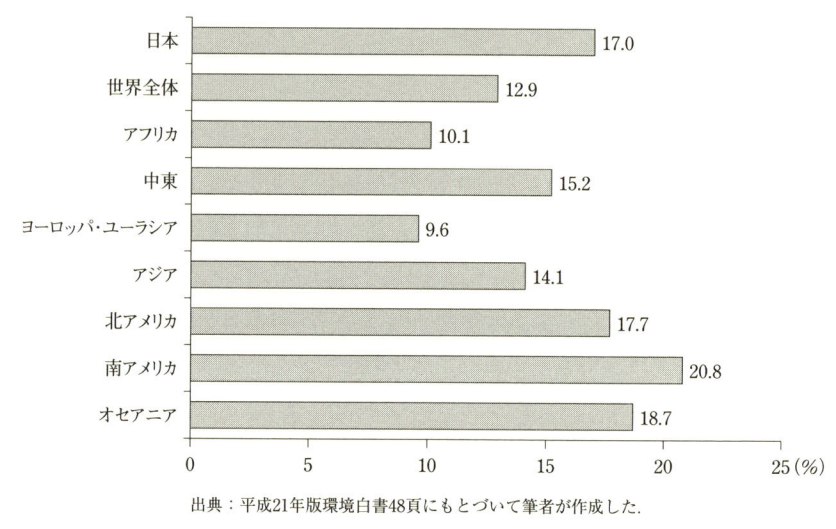

図2.2.1　世界の保護地域の割合（%）

　もう一つは，この数字が陸地における保護地域の面積であるということです．実は，日本の主権が及ぶ領域は，陸域よりも海域のほうがはるかに広いのです．排他的経済水域（200海里水域のこと）を含めるならば，その管轄区域は世界有数のものとなります．そうした海域は，生物多様性の宝庫となっています（本書3章2節）が，日本には海洋保護区なるものは存在しません．自然公園法にもとづく海中公園地区（2009年改正後は海域公園地区）は2009年3月現在，国立公園内に2359ha，国定公園内に1385ha設置されていますが，これらはそれぞれ国立公園・国定公園地域の0.1％程度にすぎないのが実状です．

（2）　種の指定と保護

　文字どおり，特定の生物種を保全対象として指定し，人によるさまざまな行為に制限を加える（いわゆる規制）手法です．この手法は，次の意味で，ゾーニングの弱点を補完しています．すなわち，せっかく区域指定をして規制をかけても，野生動植物には，人が設定した各種の境界が見えません．すでに説明したように，日本には国立公園その他の保護地域がいくつもあり，国土の総面積の17％を占めていますが，野生動植物には「どこからどこまで」がそうした

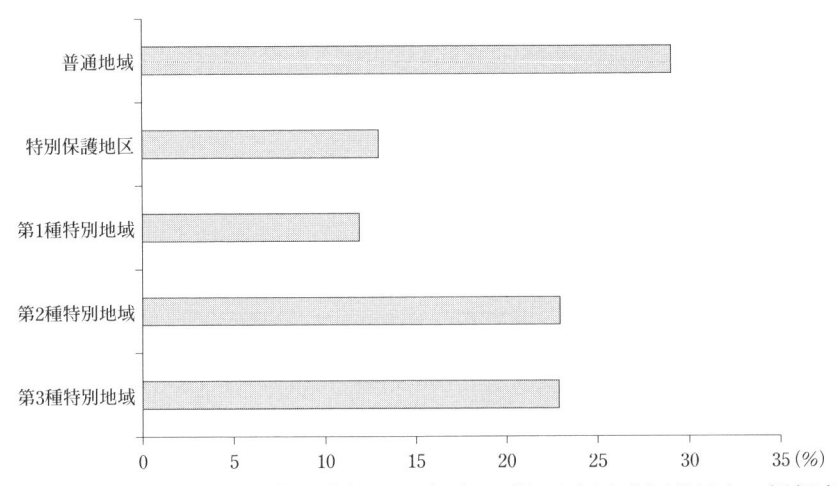

第2節　進化する自然保護法——生物多様性の保全

出典：畠山（2004）217にもとづいて筆者が作成した．現在でもこの割合にほとんど変化は見られない（平成21年版環境白書267頁参照）．
図2.2.2　国立公園区域における地域ごとの内訳（％）

地域なのかがわかりません．保護地域とは，逆にいえば，「保護地域の外では保護しない」という仕組みなのです．保護地域の中であるか外であるかを問わずに生物種を保護しようとするならば，種そのものを保護対象とする他ありません．

　特定種の指定・保護については，2つの法律が主要な役割を果たしてきました．文化財保護法と種の保存法です．前者で指定されるのが天然記念物です．天然記念物とは，動植物や地質鉱物等で「我が国にとって学術上価値の高いもの」をいいます．また，天然記念物のうちでも，世界的にまたは国家的に価値が高いものは特別天然記念物に指定されます．天然記念物には，現状の変更や保存に影響を及ぼす行為に制限（許可制）が加えられており，そうした行為によってそれを滅失・棄損等させた者へは刑事罰が用意されています（例：文化財保護法107条の2）．天然記念物の数は多く，2009年3月1日現在，980の天然記念物が指定され，そのうちの75は特別天然記念物です．**写真2.2.1**のような立て看板を目にしたことがある方も少なくないのではないでしょうか．

　ただし，数は多いものの，天然記念物には，生物多様性の保全との関係が薄いものの指定も少なくありません．家畜（例：イヌ，ニワトリ，シャモ）や単体

第2章 生物多様性はルールにできるのか

の名木・古木（例：サクラ，イチョウ）などです．また，せっかくある生物種が天然記念物に指定されても，その生息地を同時に指定していない場合も多いのが実状です．たとえば，イリオモテヤマネコやアマミノクロウサギなどは特別天然記念物ですが，それらの生息地は同時指定されていません．そのため，保全効果が半減し，ある論者が適切に指摘するように，

"天然記念物・特別天然記念物に指定され保護されているはずの野生動植物の多くが積極的な対策がとられないためにさらに数を減らし，種の保存法［後述］による希少野生動植物種の指定を受けるものが続出しているだけでなく，種の保存法の指定を受けないままに地上から姿を消そうとしているものも少なくない"のです（畠山 2004, 280）．

写真2.2.1 天然記念物

天然記念物制度のこうした限界を背景の一つとして，1992年に制定されたのが種の保存法でした．法律の正式名称を「絶滅のおそれのある野生動植物の種の保存に関する法律」といいます．この名称が示すように，種の保存法は，絶滅のおそれがあると判断された生物種を法で指定し，その保存を図ろうとするものです．

この目的を達成するために，特定の種を指定し，その個体の捕獲や取引等を制限する（例：9条）ほか，当該種の生息や生育に必要な地域を生息地等保護区として指定し，一定の行為を規制する（36条以下）こと等がなされます．これまでに指定を受けた野生動植物は81種，生息地等保護区は9箇所ですが（**表2.2.2**），その一方で，*Episode*はわたしたちに厳しい現実を突きつけています．日本で絶滅の危機に瀕している野生動植物種の数は，すでに約3000種に上っているのです．

（3）根拠となる法律群

ところで，特定種の指定・保護やゾーニングは，「わたしがそうしたいから」とか「そうする必要性を示す科学的な知見があるから」とかいう理由で行うことはできません．本書2章1節（32頁）で説明したように，そうしたパワー（権限）の行使は，法律に書き込まれて初めて可能になります．次の表は，そうしたパワーの行使の根拠となる法律のいくつかを整理したものです．

表2.2.2　代表的な自然保護法とその概要

自然環境保全法	自然環境保全法は，当初，わが国における自然環境保全の基本法として，国土全体にわたって自然保護区を設置するための法的基盤を提供するものとなるはずであった．しかし，環境庁（当時）と林野庁・建設省（当時）との紛争の結果，「自然環境を保全することが特に必要な区域等の自然環境の適正な保全」を図る法律として制定をみたものである（1972年）．自然環境保全法にもとづくゾーニングとしては，原生自然環境保全地域が小規模ながらなされている（表2.2.1）．
自然公園法	自然公園法は，1957年，優れた自然風景地の保護とその利用の増進（1条）を図ることを目的として制定された．自然公園法にもとづくゾーニングとして，自然公園があり，国立公園，国定公園，都道府県立自然公園がある（表2.2.1）．自然公園については，管理のために必要な公園事業が行われるとともに，一定の行為が規制（例：許可制や届出制）の対象となる．規制の中身や程度は，当該公園内で一律であるわけではなく，更なる区分け（例：特別保護地区，特別地域，海中公園地区，普通地域）に従う（図2.2.2）．
鳥獣保護法	鳥獣保護法は，狩猟法（1895年）から発展してきた法律であるため，歴史的に，鳥獣という狩猟資源の枯渇の防止と鳥獣による農林業への被害の防止が念頭に置かれてきた．鳥獣保護法の基本スタンスは，鳥獣及び鳥類の卵の捕獲・採取・損傷を一般的に禁止し，一定の場合に当該禁止を解除するというものである．これを踏まえ，「およそ鳥獣保護に関するすべて」（例：鳥獣保護区の設定や狩猟に関する事項）を書き込んだ「鳥獣保護事業計画」が策定・実施されることとなる．なお，鳥獣保護法にもとづくゾーニングとして，鳥獣保護区があり，指定面積は国土の9.5％に及ぶ（表2.2.1）．
種の保存法	種の保存法は，その正式名称のとおり，絶滅のおそれのある野生動植物の種の保存を図るための法律である（1992年）．この目的を達成するために，特定の種を指定し，その個体の捕獲や取引等を制限する（例：9条）ほか，当該種の生息や生育に必要な地域を生息地等保護区として指定し，一定の行為を規制する（36条以下）こと等がなされる．これまでに指定を受けた野生動植物は81種，指定を受けた生息地等保護区は9箇所にすぎない（表2.2.1）．その一方で，*Episode*に示したように，わが国において絶滅の危機に瀕している野生動植物種の数は約3000種に上っている．

3　進化する自然保護法

　生物多様性条約の批准（1993年）や生物多様性国家戦略の策定（1995年）等の動きをうけて，1990年代後半から2000年代にかけて，自然保護法をめぐる動きがにわかに慌ただしくなってきました．法律の改正，しかも大改正が相次いでいるのです．改正の中身は多様ですが，大きな方向として，生物多様性・生態系という視点の法目的へのとり入れや新たな手法（例：経済的手法や科学的管理手法）の開発・導入が進められています．以下，重要な改正が多数行われた，自然公園法と鳥獣保護法について，制度上の主な変化を見てみることにしましょう．

（1）　法目的への「生物多様性の確保」の挿入

　単純な事実ですが，自然公園法にも，鳥獣保護法にも，「生物多様性の確保」という文言は法目的として書き込まれていませんでした．この状態にようやく終止符が打たれたということです．

　自然公園法については，2002年改正の際に，国や地方公共団体の責務として，生物多様性の確保が加えられました（3条2項）が，風景地の保護という目的自体に変更はありませんでした．目的規定への「生物の多様性の確保」という文言の挿入は，2009年改正を待たなければならなかったのです（1条）．鳥獣保護法については，2002年改正によって，一足先に，目的規定へ生物多様性の確保が加えられています（1条）．

（2）　保全の強化と科学的な管理

　指定区域内での規制の強化や保護対象種の拡大がなされました．

　自然公園法については，特別地域における，指定を受けた湿原への立入の制限（20条3項16号）や，国内の他の地域からの（人の手による）動植物の導入の制限（同項12・14号）などの措置が加えられました．条文の読み方にもよりますが，後者の規定は，「種内の多様性」の確保にも役立つ可能性があります．

　鳥獣保護法は，2002年改正で，保護対象種を拡大しました（2条1項とその

例外規定としての13条・80条）．これによって，いくつかの海棲哺乳類（ジュゴン，ニホンアシカ，アザラシ5種の計7種）が初めて保護対象とされることとなりました（鳥獣保護法施行規則78条2項）．ただし，海棲哺乳類の多く（例：トドやスナメリ）は，法律の適用対象外のままとなっています．この他，2006年改正（2007年施行．以下同じ）によって，入猟者承認制度が設けられました（12条3項）．これは，鳥獣の保全と鳥獣による農林業被害への防止のバランスをとるために，都道府県知事などに対し，一定区域での狩猟者の数を調整するパワー（権限）を与えたものです．

　保全を科学的に進めるための方策としては，特定鳥獣保護管理計画の導入が全国的に進みました．この仕組みは，鳥獣保護法の1999年改正によって導入されたものです．これによって，野生生物による農林業被害への場当たり的な対応（＝有害駆除）を改め，必要があれば，特定の鳥獣・地域を定めた科学的な個体群管理のための計画をつくり，実施することができるようになりました（7条1項）．2009年4月の時点で，ニホンジカ，ツキノワグマ，ニホンザル，イノシシ，ニホンカモシカ，カワウについて，沖縄県を除く全都道府県で104計画が策定・実施されています．この制度については，①任意計画であること，②計画間で格差が見受けられること，③広域計画がないこと，④個体数管理中心であること（＝生息地管理を目的とした計画が見当たらないこと）などが指摘されています（日本自然保護協会2010，第4章）．

（3）持続可能な利用のための仕組み

　国立・国定公園については，ある空間では厳しい行為制限（例：一切の立ち入りを禁止），別な空間では過剰な利用推進（例：商業・観光施設の乱立）といった両極端な状況から，その中間地点の模索が始まっています．

　たとえば，2002年改正で設けられた，利用調整地区（23条以下）は，立入規制地区などと異なり，「秩序ある利用によって自然の本来の良さを楽しんでもらう」ことをめざした仕組みです．これによって，立入認定証の交付を受けた者だけが立入可能となり，その交付・再交付にあたっては手数料の徴収もありうることとなりました．この仕組みは，従来の日本人の「自然の風景は，無料（タダ）で，いつでも好きなときに利用できる」という発想を転換する契機と

なるかもしれません．2006年に初めての利用調整地区が，吉野熊野国立公園の大台ヶ原西側の区域に設定されました（西大台利用調整地区）[2]．1日あたりの立入り人数は，通常期（平日30人，土日祝日50人），夏休みや紅葉シーズンなどの利用集中期（平日50人，土日祝日100人）に，かつ，1団体あたり最大10人に限られています．また，立入りに際しては，1人1000円の手数料が徴収され，立入認定証の交付後に，事前のレクチャーを受講することが求められています．

　また，風景地保護協定（43条以下）と公園管理団体制度（49条以下）という仕組みも創設されました．これらによって，国立・国定公園内の二次的自然風景地（例：里地里山）の保護内容を土地所有者との協定で定め，場合によっては，公園管理団体として指定されたNPO法人などが当該協定の締結・履行主体となることが可能となりました．2009年5月末までに，7団体が指定を受け，5つの国立公園および2つの国定公園での公園管理を担っています．たとえば，阿蘇くじゅう国立公園では，財団法人阿蘇グリーンストックが，ボランティアによる野焼き等の支援活動を通じた草原風景の保全などを，栗駒国定公園では，須川の自然を考える会が，登山道の整備や修繕，高山植物の盗掘防止の啓発などを実施しています．

（4） 生息地・生態系の回復

　既に失われた生態系や生息地を回復するのは，自然再生事業（本書3章1節）の守備範囲です．これに対して，そこまで状況が悪化する前に，生態系や生息地の劣化を食い止めるための仕組みが導入され始めています．

　鳥獣保護法については，2006年改正によって，「鳥獣保護区における保全事業」が創設されました（28条の2）．都道府県などは，必要がある場合に，「鳥獣の生息地の保護及び整備を図る」ための保全事業を行うものとする，とされたのです．この事業は，「鳥獣の生息の状況に照らして必要があると認めるとき」に進められるとされていますが，この規定には，生息地の劣化を事前に食い止める必要性もが含まれている，と解釈することもできるように見えます．

　自然公園法でも，類似の仕組みが導入されました．2009年改正によって，国立・国定公園内における生態系の維持または回復を図るための「生態系維持回復事業」の制度が設けられたのです（38条以下）．想定されている事業として

は，シカによる食害への対処（例：食害にあった土地の表土流出防止対策）やオニヒトデによるサンゴの捕食への対処などがあります．この事業は，鳥獣保護区における保全事業とは違って，一定の条件を充たせば，行政以外の者も実施主体となりうる点が注目されます（39条3項・41条3項）．

なお，ここで紹介した法改正の中身は，2つの法律の，しかも「大改正」といわれるものの一部にすぎません．近年における法改正の内容の詳細とその意義については，実際の条文や学術論文・研究書を是非参照してください[3]．

4　公害規制法への生物多様性の影響

本節の冒頭でもふれたように，水質汚濁防止法や大気汚染防止法などの公害規制法は，生物多様性の確保に多大な貢献をしてきました．多くの生物種が生息していくためには，水や空気などの清浄さが不可欠だからです．その意味で，公害規制法と自然保護法は「相互補完的な関係にある」といえます[4]．

公害規制法では，清浄な環境を確保するために，特定の対象に対して，一定の基準を守るよう義務付け，その達成を監視し，罰則等を用意して，義務違反を防止する，という手順を用意しています．こうしたアプローチは現在でも公害規制法の中心に据えられているものの，そのねらいや中身は，生物多様性・生態系の観点の台頭とともに，変化しつつあります．2つほど例を挙げておきましょう．

（1）　亜鉛の水質基準

水質に関する基準には，環境基準と排水基準があります．環境基準は，「維持されることが望ましい」基準であり（環境基本法16条），人の健康の保護に関する項目（例：カドミウムやシアン）と生活環境の保全に関する項目（例：水素イオン濃度や生物化学的酸素要求量）について，それぞれ設定されます．このうち，生活環境の保全に関する環境基準については，2003年，水生生物保全の観点から，全亜鉛が追加されました．これによって，環境基本法2条3項の「生活環境」の射程が実質的に，「人間にとって有用な生物の保全」から「生物の

保全」へと拡大をみたという指摘がなされています（大塚 2006, 276）．そして2006年，「亜鉛の水質環境基準の超過が全国的にみられること」を背景として，この基準の維持・達成を図るために，亜鉛の排水基準が強化・改正されました．排水基準は，環境基準とは違って，守らなければ，罰則等の適用がともなう強制的な許容基準です（水質汚濁防止法12条1項，同法31条）．

　こうした動きについては，生物の保全という観点から導き出された環境基準の達成度を排水基準の設定とリンクさせることの是非等の問題も指摘できる（岩崎・及川 2009）のですが，公害規制法の基本的な観点が，人間中心から生物・生態系の「つながり」を含めたものへ移行しつつある初動として注目すべきものといえるでしょう．

（2）　湖沼法の2005年改正[5]

　湖沼水質保全特別措置法（湖沼法）が制定されたのは，1984年のことです．当初，環境庁（当時）は，湖沼「環境」保全特別措置法なるものの制定をめざしていました．湖岸の生態系が有する水質浄化機能を確保するべく，湖沼の埋立てや周囲の宅地開発等の土地利用を規制しようと考えていたのです．しかし，建設省（当時）に押し切られて，土地利用規制部分は法案から消え去ってしまいました．そして法案の名前も変わり，湖沼の周囲で操業する事業場等からの排水を規制するという，湖沼法が制定されたのです．

　この湖沼法が2005年に改正されました．新たに設けられた仕組みの一つが，湖辺環境保護地区というゾーニングです（29条以下）．これによって，保護地区内での植物の採取や水面の埋立て等などの行為については，事前の届出が求められることになりました（30条1項）．しかも，届出をすれば，そのまま行為を進められるというわけではなく，湖辺環境の保護に必要があれば，都道府県知事は，その行為を禁止・制限すること等ができるものとされたのです（同条2項）．

　この法改正は，湖沼とその周辺地の生態的な機能・サービスが明らかにされてきたことの結実といえるでしょう．そうした機能・サービスの基盤となっているのが，生物多様性なのです（図1.1.2を参照してください）．

第 2 節　進化する自然保護法——生物多様性の保全

5　自然保護法と生物多様性の今後

　自然保護法は，今後，「生物多様性管理法」へと発展を遂げていくのでしょうか．その方向で進化している最中にあるとは言えそうですが，課題は少なくありません．いくつか気のついた点を挙げておきましょう[6]．

（1）　ゾーニング
　国土の全面積の17％が自然保護関係のゾーニングの下にあるといえば，聞こえは悪くありません．しかし，異なる法律にもとづく多様な保護地域がバラバラに存在している状況で，生態系の「つながり」は確保されうるのでしょうか．繰り返しになりますが，野生動植物には，「自然環境保全地域は国立公園よりも規制が強くて安全だから，しばらくはそちらの地域内にいることにしよう」などという考えはありません．生態系の「つながり」は前節で紹介したアンブレラ法的なものには頻繁に言及されています（例：環境基本法14条）が，それを確保するための具体的な施策が必要となるのです．
　海外の先進的な施策から学ぶことは一案です．たとえば，EU の ナチュラ2000（Natura 2000）は，異なる法（1979年の野鳥保護指令と1992年の生息地指令）にもとづく複数の保護地域をネットワーク化しようとする取組であり，その経験から多くを学ぶことができるように見えます[7]．他方，国内ですでに動き出している施策をさらに発展させていくことも重要となるでしょう．日本でも，国有林を中心とする森林を一連の保護区のように連結させていく施策，いわゆる「緑の回廊」が展開中であり，それに国立公園や私有地上に存在する貴重な生態系などを絡ませたネットワーク化を図る余地があるように思われます（「緑の回廊」については次節でとりあげます）．
　また，ゾーニングについては，自然生態系の空間的な「つながり」のみならず，政策目的上の「つながり」を確保することも，今後の課題の一つです．従来の自然保護法にもとづくゾーニングでは，農林業や開発行為の規制が主な目的でした．貴重な自然をとっておくことにも意味はありますが，ありふれた自然が中心である二次的自然（例：里山）にも，希少な種が集中的に生息し，そ

の「手入れ」(例:里山での下草刈り)が生物多様性の確保の上で重要であることがわかってきました．今後到来する人口減少高齢社会において，そうした「手入れ」の不足が危惧されています．二次的自然への「手入れ」を確保するには，たとえば，国立公園等のゾーニングの目的に，農林業の活性化等を組み込む必要が出てくるでしょう．ヨーロッパ諸国では，自然保護ゾーニングとしてだけではなく，地域の農林業を活性化する手法の一つとして制度化がなされています（石井・神沼 2005）．日本の自然公園法も進化を遂げてはいますが，国立公園等と農林業政策との「つながり」は目に見える形で制度化されていません．生物多様性という考え方の台頭により，縦割り行政（例:環境省と農林水産省）を越えて，こうした「つながり」を確保するという政策課題がより明確に浮かび上がってきたものといえるでしょう．

さらに，生物多様性に恵まれていながらも，ゾーニングが未発展の広大な空間が残されていることを忘れてはなりません．海域です．日本でも，海洋保護区のあり方を本格的に検討する時期が到来したように見えます．『生物多様性国家戦略2010』では，海洋環境保全戦略の策定とともに，海域でのゾーニングにも言及していますが，新たな制度設計が必要となるのか，それとも既存の法的仕組み（例:自然公園法2009年改正による海域公園）を利用すればよいのかは明らかではありません．

(2) 特定種の指定について

*Episode*で紹介した，種の保存法の運用実態は，お寒いというほかありません．*Question 2* へ回答するにあたっては，①保護対象種等の指定を申請する権利が法律上認められているかどうか，および，②その申請の諾否を判断する基準が科学的なものとなっているかどうか，がポイントとなるでしょう．

①について，日本の種の保存法では，そのような権利が認められていません．これに対し，たとえば，アメリカの種の保存法（Endangered Species Act）では，私人にもそれが認められています．この点については，最近，徳島県と京都府で，そうした権利を認める条例が登場しました[8]．②について，日本では「政治的」な意図が幅を利かせやすい構造となっています．すなわち，種の保存法の規定上，保護対象種の指定には，閣議決定が必要です．この仕組みで

あれば，保護対象種の指定を阻止するのは難しくはありません．内閣の意思決定は全員一致が原則なので，だれか一人の閣僚が「政治的」な観点から異議を唱えればそれで済むのです．当然ながら，その異議が「科学的な根拠」を踏まえたものである必要はありません．一方，アメリカでは，②が法律で定められており，申請の諾否が「科学的な根拠」にもとづくものかどうかに疑義がある場合には，その問題が裁判所へ持ち込まれることさえあります（畠山・鈴木 1996）．

（3） 規制の限界

（1）（2）の両方に関わる問題も少なくありません．ゾーニングも特定の種の指定も，基本的には一定の行為の制限，つまり「規制」的な手法の一種です．こうした規制には，執行のための人や予算の投入を要します．しかしながら，現実の問題として，法を執行するための人や予算は，無尽蔵ではありません．今後も規制が中心的な手法であるとしても，その執行にどれだけの資源をいつまで投入するかを考えなければならないのです[9]．「非規制」的な手法が注目される背景には，こうした事情が横たわっています．

非規制的な手法の一つとして，生態系から得られる恵みを目に見える形で評価し，その評価結果を利用した仕組みがあります．たとえば，近年注目されているのが，開発にともなう生態系への悪影響を緩和できない場合に，代わりの生態系を創出するための費用を支払うという仕組み，いわゆる「生物多様性オフセット」（オフセット（offset）とは相殺を意味する）です[10]．この手法への注目度は高いのですが，国土の狭い日本で「代わりの生態系」を（しかも同じ条件で）創出できるのか，そもそも日本では「環境上の悪影響の緩和」が法令上義務付けられていないのではないか，といった疑問への回答がまずは提供されるべきでしょう[11]．

規制というよりも生物多様性の管理という意味では，民間主導の，もしくは民間と行政の協働による管理の可能性が一層探られるべきです．この点では，自然公園法にもとづく風景地保護協定や生態系維持回復事業のような仕組みが整備されてきました．ただし，こうした仕組みの導入は始まったばかりです．また，単に「法律に書かれている」だけでは無意味であり，実際にそうした仕

組みが「使われ」なければなりません．今後は，そうした「戦術」の他の法律への導入の余地を探るとともに，地域でそれを使いこなすための「戦略」の整備が重要となってくるでしょう（本書 4 章で詳しく述べます）．

なお，繰り返しになりますが，本節の記述は，2010年当時の制度状況にもとづいています．それ以降の法改正や制度運用上の変化については，各自でフォローアップをお願いします．

注
[1] 内務省魚類・野生生物局のホームページ
  （http://www.fws.gov/ecos/ajax/tess_public/TESSBoxscore）参照（2010年 5 月15日アクセス）．
[2] 吉野熊野国立公園 大台ケ原 ホームページ
  （http://kinki.env.go.jp/nature/odaigahara/odai_top.htm）参照（2010年 5 月15日アクセス）．
[3] 日本自然保護協会編（2010），畠山（2004），大塚（2010）13章，大塚ほか（2006），畠山（2006），日本自然保護協会編（大澤雅彦監修）（2008），加藤（2008），交告（2009）など．
[4] 畠山（2004）23参照．
[5] 湖沼法改正に関する以下の叙述は，北村（2011）にもとづいています．
[6] 生物多様性の観点から，今後の法政策のあり方を検討した最近の報告書として，生物多様性保全に関する政策研究会（2010）があります．
[7] ナチュラ2000については，亘理（2006）で詳しい考察がなされています．
[8] 徳島県希少野生生物の保護及び継承に関する条例（2006年）および京都府絶滅のおそれのある野生生物の保全に関する条例（2007年）．
[9] 多くの研究が積み重ねられていますが，最近のものとして，大沼（2009）など．
[10] 生物多様性オフセットについては，海外で多数の文献が存在しています．最近の邦語文献では，林（2010）など．
[11] 一つ目の課題についての回答を探るのに参考になるのが，ニューサウスウェールズ州（オーストラリア）で2009年から動き出した生物多様性バンキング（BioBanking）です．そこでは，代わりの生態系を創出するのではなく，既存の生態系をよりよく管理することでオフセットを進めるとしているので，国土の狭い日本により適している可能性があります．この制度については，一昨年から筆者の研究室でも研究が始まり，根拠法やガイドライン等の構造分析と現地での聞き取り調査にもとづく実態分析が進んでいます．考察結果は，別途，公表予定です．

引用文献

石井寛・神沼公三郎編著（2005）『ヨーロッパの森林管理』日本林業調査会.

岩崎雄一・及川敬貴（2009）「亜鉛の水質環境基準と強化された一律排水基準における課題：生態学的・実践的視点からの指摘」『環境科学会誌』22(3)：196-203.

大塚直（2010）『環境法（第3版）』有斐閣.

大塚直ほか（2006）「自然環境保護法制の到達点と将来展望」（環境法セミナー座談会）『ジュリスト』1304：110-137.

大沼あゆみ（2009）「野生生物の利用と違法取引の経済学—その理論とクマノイ取引への応用—」浅野耕太編著『自然資本の保全と評価』69-88，ミネルヴァ書房.

加藤峰夫（2008）『国立公園の法と制度』古今書院.

北村喜宣（2011）『プレップ環境法（第2版）』弘文堂

交告尚史（2009）「自然公園法及び自然環境保全法の一部を改正する法律」『ジュリスト』1386：70-78.

生物多様性保全に関する政策研究会（2010）「生物多様性保全に関する政策提言」.

日本自然保護協会編（大澤雅彦監修）（2008）『生態学からみた自然保護地域とその多様性保全』講談社サイエンティフィック.

日本自然保護協会編（2010）『改訂 生態学からみた野生生物の保護と法律』講談社サイエンティフィック.

畠山武道（2004）『自然保護法講義（第2版）』北海道大学図書刊行会.

———（2006）「自然環境保護法制の到達点と将来展望」（環境法セミナー 基調報告）『ジュリスト』1304：102-109.

畠山武道・鈴木光（1996）「フクロウ保護をめぐる法と政治」『北大法学論集』46(6)：2003-2066.

林希一郎編著（2010）『生物多様性・生態系と経済の基礎知識—わかりやすい生物多様性に関わる経済・ビジネスの新しい動き—』9章，中央法規.

亘理格（2006）「EU自然保護政策とナチュラ2000—生態域保護指令の実施過程におけるEUとフランス—」畠山武道・柿澤宏昭編著『生物多様性保全と環境政策—先進国の政策と事例に学ぶ—』133-158，北海道大学出版会.

第3節 環境法化する諸法

Episode

1. 熊本県山中を流れる川辺川はかつて水質全国第1位に輝いたこともある清流であり，尺鮎（一尺は約30cm）と呼ばれる希少な鮎の生息地としても知られる．川辺川上流に作られる予定のダムをめぐっては賛否両論があり，地元はもちろん，霞が関の審議会や裁判所でも激しい議論が戦わされてきた．この論争をめぐっては，森林を保全し，必要な手入れを施すならば，森林の保水能力が確保されるから，治水目的の巨大なダムを作る必要性は少ない，という考え方が存在した．いわゆる「緑のダム」論である．かつては奇抜とみなされていたが，1997年の河川法の改正を契機として，この考え方にもとづく治水案が国の審議会の場でも検討されるようになった．

2. 海岸（海岸の80％は，海岸法による行為規制がかけられている）では，桟橋や「海の家」などを勝手に作ってはならない．海岸を占用するには，海岸管理者から許可を得ることが必要となる（海岸法37条の4）．平成19年12月7日，最高裁は，この規定の適用に関連して，次のように述べた．

> 海岸"の占用の許否の判断に当たっては，当該地域の自然的又は社会的な条件，海岸環境，海岸利用の状況等の諸般の事情を十分に勘案し，行政財産の管理としての側面からだけではなく，同法［1999年に改正された海岸法］の目的の下で地域の実情に即してその許否の判断をしなければならない．"（［　］内および下線は筆者による．）

Question

1. 河川法や海岸法が，いかなる背景の下に，どのように改正されたことによって，上の2つのエピソードが生まれることになったのでしょうか．

2. *Episode 2* について，改正海岸法の下では，"地域の実情に即し"た生物多様性

の確保の観点から，海岸における開発許可申請を拒否することができるようになったと解するべきでしょうか．

――本節の見取り図――
　自然資源の利用に関係する法律には，開発促進や産業保護を目的としたものが多く，それらは資源の持続不可能な利用を後押しすることが少なくありませんでした．しかし1990年代中盤以降，それらが「環境法化」し始めています．本節では，この現象を紹介するとともに，それが政策形成や訴訟にどのような影響を及ぼしているのかを考察します．

1　諸法と「持続不可能」な資源利用

　生物多様性の「持続可能な利用」とは，どのような利用を意味するのでしょうか．難問ですが，日本の法律は，この問いへの回答を用意しています．2008年に制定された生物多様性基本法は，「持続可能な利用」について，次のように定めました．

> "この法律において「持続可能な利用」とは，現在及び将来の世代の人間が生物の多様性の恵沢を享受するとともに人類の存続の基盤である生物の多様性が将来にわたって維持されるよう，生物その他の生物の多様性の構成要素及び生物の多様性の恵沢の長期的な減少をもたらさない方法（以下「持続可能な方法」という．）により生物の多様性の構成要素を利用することをいう．"（2条2項）

　法律らしい冗長な一文ですが，言わんとすることは「わからなくもない」でしょう．本節も，この規定にしたがって，説明を進めていくことにします．
　さて，日本において，生物種や生態系サービスの供給源である各種の自然資源は「持続可能な方法」で利用されてきたのでしょうか．この問いへは，「1990年代に入るまでは，そうではなかった」と答えておくのがよさそうです．
　さまざまな自然資源を利用するための法律は，多数存在していました．わかりやすいのは，自然資源の名前を冠した法律であり，森林法，河川法，海岸法

などです．また，それらの資源を利用する産業の名前を冠した法律である，鉱業法，採石法，砂利採取法，土地改良法なども古くから制定されていました．さらに，「利用」の中身を限定的に解釈していることが一目瞭然の法律として，公有水面埋立法やリゾート法（総合保養地域整備法）などを挙げることができます．本節の題名として掲げたように，便宜的に，これらを「諸法」と呼ぶことにしましょう．

こうした諸法の多くは，資源の「持続不可能な利用」を後押しするように作用することが少なくありませんでした．理由は簡単です．法律なるものには通常，何らかの目的があり，それを達成するために執行されるのですが，上に挙げたような，自然資源関連の諸法の目的は，資源の開発や産業の促進が中心であり，生物多様性の確保（または環境の保護・保全）への言及はほとんどなかったからです．別な表現をするならば，本来，自然資源にはさまざまな用途があるはずなのですが，それらの用途（の効用）を比べることなく，開発や消費を促進してきたのが，それらの諸法でした．たとえば，河川の用途には，レクリエーションなどもありえるはずですが，*Episode 1* の河川法は，1997年改正前は，治水と利水を目的とするものであり，全国各地でダム建設を進めるための法的根拠となっていました．海岸についても同じです．*Episode 2* の海岸法は，1999年改正前は，災害防止と国土保全を目的としており，コンクリート護岸工事を進めるための法的根拠となるばかりでした．

もちろん，諸法の中には，生物多様性の保全とその持続可能な利用に資するものも少なからずありました．都市公園法や都市緑地保全法（現在の都市緑地法（2004年））は，そうした諸法の例です．たとえば，都市緑地法12条にもとづく特別緑地保全地区は，都市計画区域内の良好な自然環境を形成するものであり，無秩序な市街化の防止や動植物の生育地等のために役立ってきました．特別緑地保全地区は，2009年3月末までに，全国64都市，2000ha以上（2146.5ha）へと拡大しています[1]．この仕組みを通じて，国立公園内に指定される海中公園とほぼ等しい広さ（2359ha）の緑地が，過密な都市空間の中に確保されているのです[2]．また，農地法や農業振興地域の整備に関する法律も，無制限な土地の改変行為に対する防波堤の役割を一定程度果たしてきました．

しかしながら，前述のように，多くの諸法は，開発促進・産業保護の色合い

が濃く，ダムや堰の建設，ゴルフ場や産業団地の造成，高速道路や空港の建設，海岸や湿地の埋立などを「適法に行う」根拠となってきました．諸法によって，生態系は大幅に改変され，MA（国連ミレニアム生態系評価）の表現を借りるならば，その加速度的，突発的，そして不可逆的な変化がもたらされてきたのです．

　逆説的に聞こえるかもしれませんが，生態系にこうした変化をもたらしてきた主要因が法律であるからこそ，本書でとりあげている法制度の変化とその含意についてもっと注目し，かつ，今後の法制度のあり方について，学び，考え，必要な量の時間と資本を投下しなければならないのです．

2　諸法の「環境法化」とはなにか

　1990年代後半以降，こうした諸法が「環境法化」し始めました．諸法の「環境法化」とは，

> 開発促進や産業保護を目的としてきた諸法に，環境保護や生態系保全関連の規定が加えられたり，場合によっては，それらの法律が新法となって生まれ変わったりする現象

を指しています．この言葉は一般に定着しているわけではありません．しかし，同じ現象への注目も高まっており（例：大塚2013, 310），「グリーン化」（北村2015, 24），「環境法家族論」（交告 2009）[3]などの表現が見受けられます．

　諸法の環境法化の始まりは，1997年の河川法改正でした．法改正の直接的な契機は，いわゆる長良川河口堰問題（巨大な河口堰水門の閉鎖による河川生態系への諸影響）であるといわれます．しかし，この改正は，生物多様性条約の採択（1992年），同年の日本による批准，第一次生物多様性国家戦略の策定（1995年）といった環境政策史の大きな流れの中で，生態系・生物多様性という概念とその重要性が少しずつ日本社会に浸透していった結果としても捉えられるでしょう．1997年河川法改正後の「諸法の環境法化」を簡単に整理したのが**表2.3.1**です．

表2.3.1 諸法の環境法化（の一例）

1997年	河川法改正	治水と利水に加え，河川環境の保全を法律の目的に明記（1条），樹林帯を河川管理施設として特定（3条2項）
1999年	海岸法改正	国土保全や災害防止に加えて，「海岸環境の整備と保全」や「公衆の海岸の適正な利用」を法律の目的に明記（1条）
1999年	食料・農業・農村基本法制定	農業基本法を改正して，「自然環境の保全」を含めた農地の多面的機能の増進を政策課題に掲げる（3条）
2001年	森林・林業基本法改正	森林の有する多面的機能として，「自然環境の保全」や「地球温暖化の防止」を明記（2条1項）
2001年	水産基本法制定	水産漁業関係の法律として初めて，「水産資源が生態系の構成要素である」（2条2項）ことを法律に明記
2001年	土地改良法改正	目的及び原則の部分へ「環境との調和に配慮しつつ」との文言を追加（1条2項），これをうけた施行令でも「環境との調和に配慮したものであること」を事業の施行に関する基本的要件として追加（2条6号）
2004年	森林法改正	森林の環境保全機能の観点から，要間伐森林（間伐又は保育が適正に実施されていない森林で，これらを早急に実施する必要のあるもの）を強制的に管理する仕組み（施業の勧告や立木の所有権移転等について協議すべき旨の勧告）の導入（10条の10及び11）
2004年	文化財保護法改正	里山を含んだ文化的景観を新たに保護対象として位置付け（134条以下）

この表では，多くの法律にさまざまな改正が施されている（あるいは新法として生まれ変わっている）ことがわかります．変化の中身は多様ですが，共通するのは，自然資源を開発ないしは消費するという観点からだけではなく，保全ないしは持続的に利用するという観点からも捉えるという基本姿勢です．

3　諸法の「環境法化」の意義

ところで，諸法の「環境法化」現象に対しては，揶揄を交えた，次のような問いかけがなされるかもしれません．すなわち，

　　いくつかの諸法に，環境，生態系，多面的機能，里山などの文字が挿入されたところで，わたしたちの日常生活や日々の意思決定には何の影響もないのでは

第3節　環境法化する諸法

　ないか

と．この問いかけを全面的に無視することは難しいのですが，諸法の「環境法化」の立法政策や裁判への影響は確実に現れつつあるように見えます．冒頭の2つの*Episode*をもう少し詳しく紹介・説明することで，上の問いかけに対する「さらなる問題提起」としておきましょう．

（1）　新たな法政策論

　改正河川法（1997年）では，法目的として，従来の治水と利水に加えて，河川環境の保全を掲げました（1条）．その上で，樹林帯をダムや堰等の河川管理施設の一つとして特定しています（3条2項）．この樹林帯とは，

　　"堤防又はダム貯水池に沿って設置された国土交通省令で定める帯状の樹林で堤防又はダム貯水池の治水上又は利水上の機能を維持し，又は増進する効用を有するもの"

を指します．法律では難しく書かれていますが，簡単にいえば，河川に沿って位置する，ダムと似たような保水能力を有した森林にほかなりません．
　こうした規定が改正河川法に書きこまれたがゆえに，*Episode 1*のような事態が発生しました．具体的には，河川管理のあり方に関する基本方針（＝河川整備基本方針）を定める際の実質的な決定機関である国の審議会において，（おそらく史上初めて）森林のダム代替機能（緑のダム論）が正面からとり上げられたのです．議論の詳細については，社会資本整備審議会河川分科会（河川整備基本方針検討小委員会）の第37，38，40，44，46回等の議事録および資料を参照してください（これらは国土交通省河川局のウェブサイトに掲載されています）．
　緑のダム論が合理的な政策論として認められるには，河川法という一つの諸法の「環境法化」が不可欠であったものといえるでしょう．

第2章 生物多様性はルールにできるのか

（2） 新たな法解釈論

Episode 2 では，海岸への桟橋設置の是非が問題となりました．山から切り出した石を船で運び出そうと考えた業者が，その船を停泊させるための桟橋を海岸に設置しようとしたのです．業者は，海岸の法律上の管理者である自治体に対し，海岸法37条の4にもとづく占用許可を申請しました．ところが，自治体は，さまざまな理由を付けて，不許可としたのです（不許可処分）．そこで，業者が，この不許可処分の違法・取消しを求めて，裁判所へ訴え出ました．

結局，最高裁は，この不許可処分が違法なものであると結論付けたのですが，興味深いのは，*Episode 2* で引用した部分です[4]．この部分は，裁判の勝ち負けに直結するものではありません（この引用部分に照らして，上の結論が導かれたわけではない，という意味です）．しかし，*Episode 2* のような解釈を，最高裁が示したことそれ自体に意味があると考えられます．というのは，こうした解釈が，*Question 2* のような問いを導くからです．

残念ながら，今のところ，*Question 2* のような問いを扱った判決を目にする機会には恵まれていません．ですから，本書でこの問いに対する答えを提供することもできません．しかしながら，こうした問いがもはや不合理ではない時代が到来したことを，*Episode 2* は告げています．「環境法化した諸法」は，政策決定のみならず，裁判所の判断にも影響を及ぼす可能性があるのです．

（3） その他の動き

この他，諸法の「環境法化」と表裏一体の現象として捉えられるのが，それらの諸法を所管する行政機関（例：国土交通省や農林水産省）の認識や行動の変化です．たとえば，国有林の管理については，保護林制度（例：森林生態系保護地域）（**表2.3.2**）や地方の自然保護団体のアイデアが発端となった「緑の回廊」（日高山脈他で整備中）（**表2.3.2**）などの施策が展開されています．「緑の回廊」は，野生動物の移動経路の確保を企図した，東北地方の自然保護団体の提案にもとづき，林野庁が複数の県および複数の保護林を横断する奥羽山脈樹林帯（全長400km）を設定したのが最初です．これを契機として，1998年以降，全国の国有林に「緑の回廊」が設定され，2008年4月までに，全国24ヶ所まで拡大しました．

第3節　環境法化する諸法

表2.3.2　国有林における生物多様性関連の指定地域の箇所数・面積

保護地域名等	地種区分等	年月	箇所数等	年月	箇所数等
国有林	森林生態系保護地域の箇所数（面積）	H14.4	26ヶ所（320千ha）	H20.4	841ヶ所（780千ha）
国有林	緑の回廊の箇所数（面積）	H17.4	19ヶ所（391千ha）	H20.4	24ヶ所（509千ha）

出典：わが国の環境白書にもとづいて筆者が作成した．

　保護林制度や「緑の回廊」は，ゾーニングの一種ですが，法にもとづかない自主的なものにすぎません．これらの仕組みの展開は，農林水産省関係の諸法が「環境法化」する（例：表2.3.1の「森林・林業基本法改正」や「森林法改正」）中で，森林という資源に対する，同省の認識や行動が変容した結果の一つとして捉えられるように見えます．

　なお，こうした動きが呼び水となり，2007年の第三次生物多様性国家戦略では，森林から海までの河川を通じた生態系のつながりのみならず，河川から水田，水路，ため池，集落などを途切れなく結ぶ水と生態系のネットワークとしての「水の回廊」への言及がなされました．さらに，2008年の生物多様性基本法においても，

　　"国は，生物の多様性の保全上重要と認められる地域について，地域間の生物の移動その他の有機的なつながりを確保しつつ，それらの地域を一体的に保全するために必要な措置を講ずるものとする"

という規定がおかれ（14条3項），同年7月に策定された国土形成計画（全国計画）でも「エコロジカル・ネットワークの形成を通じた自然の保全・再生」が基本施策として書き込まれる（国土形成計画2008, 111-112）など，今後の施策展開が注目されています．

　他方，中央政府の認識や行動の変化は，地方政府へも伝播します．たとえば，北海道では，2002年3月に「北海道森林づくり条例」を制定，2003年3月に同条例にもとづく「北海道森林づくり基本計画」を策定し，森林の多面的機能の発揮という観点からの施策が進められることとなりました．

4 現象としての「環境法化」を越えて

以上のような「諸法の環境法化」現象は、端緒についたばかりともいえそうです。諸法の中には、旧態依然とした開発促進法や産業保護法が多数残っています。公有水面埋立法はそうした法律の一つであり、これだけ変化の激しい社会状況が眼前にあるにもかかわらず、状況の変化による埋立事業の中止を想定していません。土地改良法（2001年改正）が事業中止手続を定めるに至ったのとは対照的です。

生物多様性の持続可能な利用の観点から、「環境法化した諸法」の果たす役割は益々大きくなりそうです。その最大の意義は、行政（わが国の政府）に対して、「環境配慮責任」を全うさせる手段となるところに求められるでしょう。環境配慮責任とは、聞きなれない言葉ですが、環境基本法19条に定められた法的責任のことをいいます。同条では、次のように定めています。

"国は、環境に影響を及ぼすと認められる施策を策定し、及び実施するに当たっては、環境の保全について配慮しなければならない"

この規定にもとづく配慮責任について、かつて環境省は、「個別法なり、個

写真2.3.1　国営諫早湾干拓事業の潮受け堤防

別施策の実施の上で具体化されるべきもの」と解説しました[5].「画餅にすぎない」と自ら言ってしまったようなものです.ところが,本節で紹介したように,現実に,諸法が「環境法化」し始めました.行政は,個別法にもとづいて自らが進める各種の公共事業の実施にあたって,改正法に加えられた環境関連の規定（生態系・生物多様性関連の規定を含む）にしたがわねばなりません.また,自らが施策の実施者となる場合を越えて,私人の開発行為への許認可等を判断する場合にも,「環境法化」で新たに書き込まれた規定が効いてくることになります（*Episode 2* を参照してください）.

このように,「環境法化」した諸法は,形式的な「文字遊び」や単なる看板,見かけ倒しではありません.それどころか,生物多様性の持続可能な利用の屋台骨となる可能性があります.おそらく,これまでの「諸法の環境法化」は一つの現象でしかありませんでした.生物多様性の台頭という流れの中で生じた現象の一つとして,結果的にそのように把握できる,というものでしかなかったのです.しかしながら,そうした状況にも終止符が打たれることになりました.ある法律によって,「諸法の環境法化」が政府の責務として定められたからです.

この規定は目立たないのですが,生物多様性基本法の一部として書きこまれています.一見すると,そうした定めは見当たらないのですが,附則の部分に次のような規定がおかれました.そこでは,

> "政府は,この法律の目的を達成するため,野生生物の種の保存,森林,里山,農地,湿原,干潟,河川,湖沼等の自然環境の保全及び再生その他の生物の多様性の保全に係る法律の施行の状況について検討を加え,その結果に基づいて必要な措置を講ずるものとする"

と定められたのです.附則とはいえ,この規定の影響は無視できないものとなるでしょう.今後,生物の多様性の保全に関係するあらゆる法律が,この規定に則った検討の対象となり,結果次第では,法改正までもが視野に入ってきます.「諸法の環境法化」は,公共政策上の一現象を越えて,法律にもとづく政府の責務の一部となりました.その行方は,「つながり」の回復という,生物

多様性の観点からの制度の設計・運用を進める上で，今後，益々注目されるものとなるはずです[6]．

注
[1] 国土交通省都市緑化データベース（http://www.mlit.go.jp/crd/park/joho/database/toshiryokuchi/index.html）参照（2010年5月5日アクセス）．
[2] 環境省編（2009）267参照．
[3] 交告尚史教授は，環境影響の観点から配慮されてしかるべき自然空間の利用に関わる法律と称しうるものを環境基本法の周りに配置するという「環境法家族論」によって，たとえば，採石法のような自然保護と無縁に見える法律をも環境基本法の仲間に取り込んで解釈するという論法を提唱しています．交告（2009）参照．
[4] 最判平成19年12月7日民集61巻9号3290頁．
[5] 環境省総合環境政策局総務課（2002）211．
[6] 環境法化（グリーン化）をめぐる制度発展状況については，及川（2015）で若干のフォローアップを行いました．なお，本節の内容と密接に関連する最新の研究書として，茅野（2014）や三浦（2015）があります．

引用文献
及川敬貴（2015）「生物多様性と法制度」大沼あゆみ・栗山浩一編著『生物多様性を保全する』11-32，岩波書店．
大塚直（2013）『環境法BASIC』有斐閣．
環境省編（2009）『平成21年版環境白書（循環型社会／生物多様性白書）―地球環境の健全な一部となる経済への転換―』日経印刷．
環境省総合環境政策局総務課（2002）『環境基本法の解説（改訂版）』ぎょうせい．
北村喜宣（2015）『環境法（第3版）』弘文堂．
交告尚史（2009）「国内環境法研究者の視点から」環境法政策学会編『生物多様性の保護―環境法と生物多様性の回廊を探る』42-55，商事法務．
国土形成計画（全国計画）（2008）（http://www.mlit.go.jp/common/000019219.pdf）（2010年5月15日アクセス）．
茅野恒秀（2014）『環境改策と環境運動の社会学―自然保護問題における解決過程および改策課題設定メカニズムの中範囲理論』ハーベスト社．
三浦大介（2015）『沿岸域管理法制度論―森・川・海をつなぐ環境保護のネットワーク』勁草書房．

第3章
ロジックは世界をどう変えるか

第1節 生態リスク管理と自然再生

Episode

1. 生きている遺伝子組換え生物（LMO：Living Modified Organism）や外来生物関連の問題が目につくようになってきた．LMOとしては，害虫耐性のトウモロコシや大豆がよく知られており，納豆や豆腐の「遺伝子組換えではない」との表示を確かめている消費者の姿を見かけることは少なくない．外来生物については，アライグマによる畑荒らしや文化財の棄損，毒蜘蛛や凶暴な爬虫類に噛まれた被害等に関する報道を頻繁に耳にするようになった．

2. 北海道の釧路湿原は，わが国はもちろん，世界的にも貴重な自然湿地として知られる．この湿原では，自然再生事業として，河川の蛇行復元（人の開発行為によって直線化されてしまった河川を元の曲がりくねった状態へ戻すこと）が巨費（9億円）を投じて実施されている．湿原へ流れ込んでくる土砂（湿原の乾燥化をもたらす）を河川の蛇行で抑制するのがねらいである．

Question

1. LMOや外来生物については，どのような法的規制がなされているのでしょうか．
2. 遺伝子組換え生物や外来生物は，生物多様性の構成要素となるでしょうか．
3. *Episode 2* の「河川の蛇行復元」事業へは批判もあります．事業のねらいに問題はないように見えるのですが，なぜ批判されるのでしょうか．

―― 本節の見取り図 ――

2000年代に入って，日本では生物多様性関係の新法の制定が相次ぎました．遺伝子組換え生物や外来生物が生物多様性へ及ぼす影響へ対処するための法律や過去に損なわれた生態系を「人間の手で」取り戻すための法律です．これらの新法は，従来の自然保護法や「環境法化」した諸法と比較して，着眼点，基本原則，対象・手法等の面での新しさを備えるとともに，独特の問題を抱えています．

1　カルタヘナ法と外来生物法

　LMOや外来生物については，人の健康への悪影響や農作物等への被害の他に，生物多様性への悪影響が懸念されています．

（1）生物多様性への新たな脅威
　本節で主にとり上げるのは，生物多様性への悪影響です．たとえば，LMOの生物多様性への悪影響のおそれとしては，

① LMOの競争力の強さが野生植物の生育を阻み，駆逐してしまうおそれ
② LMOが近縁種と交雑し，おきかわってしまうおそれ
③ LMOから野生動植物に有害な物質（例：耐性菌の出現と伝播）が放出されるおそれ

などが挙げられます（横浜国立大学環境遺伝子工学セミナー編著 2003）．外来種についても似たようなおそれがあり，こうしたおそれについて，日本の国家戦略は，生物多様性への「新たな脅威」として言及をしてきました（最初の言及は2002年の第二次国家戦略によります）．

　この新しさには，2つの意味があります．一つは，時間的な新しさです．公害や乱開発と比べて，LMOや外来生物にまつわる問題への認識は，近年になって高まってきました．急速な科学技術の発展やグローバル化の進展を背景とするもので，現代社会特有の新たな問題といえるでしょう．

　もう一つは，経験的な意味での新しさです．LMOや外来生物は，多くの生物種や生態系はもちろん，わたしたち人間にとっても「初めて出会う」対象である場合が少なくありません．かつての自然保護法や「環境法化」した諸法における規制・管理の対象は，人間による開発行為であり，行為自体の仕組みは複雑怪奇とは言えず，その影響もある程度までは把握・予測が可能でした（ただし，「ある程度の把握」では意思決定が合理的にはなりません．そこで，環境影響評価，いわゆる環境アセスメントなどの制度が整備されてきたのです）．ところが，

第3章　ロジックは世界をどう変えるか

LMO や外来生物は，影響が生じる可能性がある生態系へ「新たに」持ち込まれます．そこでは，経験則の働く余地が少なく，どのような影響が生じるのかがわからない場合が多いのです．かつての自然保護や公害規制の対象よりも格段に，「不確実性」が高いといえます．

しかも，LMO や外来生物は，新しいだけではありません．それらは，建造物や化学物質などと違って，時間が経てば次第に劣化していく類のものではありません．逆に自己増殖を繰り返して影響を増大させていく，という厄介な特徴を備えているのです．ある論者によれば，

"いったん侵入した［外来］生物の影響は永遠に続き，……その生物がいない生態系への復元は，特別な場合を除いては困難である"

といいます（小池 2007, 112）．もたらされる結果は，「不可逆的」であるといえるでしょう．

グアム島で実際に起こった次の事件は，これらの特徴と問題の深刻さを表しています[1]．第二次大戦の終了からしばらくして，グアム島の森の中では次第に，小鳥たちの歌声が聞かれなくなっていきました．新型の病気の蔓延や大型肉食獣による捕食行動の変化などの可能性が探られましたが，そうした証拠は見つかりません．あれこれ原因を探っているうちに，事態は悪化していきました．

そしてあるとき，ある若い女性生態学者がこのミステリーの解明のカギとなる仮説を発表しました．軍需物資とともに大戦中に（非意図的に）導入されたナミヘビ（外来生物のヘビの一種）による小鳥たちの捕食が原因だというものです．ナミヘビが電線に巻きついて停電が頻発したり，家畜がナミヘビに襲われることが増えたり，といった地域の情報を丹念に集め，聞き取り調査を行った結果，立てられた仮説でした．当時の学会は，この仮説を「とんでもない」ものであるとして一笑に付したのですが，その後，彼女は自らの仮説を実証するための現地調査を繰り返し，たいへんな苦労をしながら，それに成功したのです．

皮肉なことですが，それとほぼ同時に，グアム島に生息するほとんどの小鳥

たちは絶滅しました．原因は，増えすぎた外来生物のナミヘビでした．それによる小鳥の捕食が拡大の一途をたどり，「沈黙の森」が後に残されたのです．LMOについて，これと同規模の生態系破壊は知られていません．しかし，「不確実性」と「不可逆性」を念頭においた法的な仕組みが求められる点は，外来生物の場合と同様です．

（2）　法の制定とその基本的な仕組み

　日本では，LMOの生物多様性への影響を管理する法律が2003年に制定されました．カルタヘナ法（正式名称は「遺伝子組換え生物等の使用等の規制による生物の多様性の確保に関する法律」）です．外来生物についても，2004年に「特定外来生物による生態系等に係る被害の防止に関する法律」（以下，外来生物法といいます）が制定されました．

　これらの法律はいずれも，生物多様性条約とそれに関連する国際ルールに対応しています．カルタヘナ法は，条約の19条3項で策定の検討が求められていたものですが，2000年に議定書（いわゆるカルタヘナ議定書）が準備され，それを日本が批准するために制定されました．一方，外来生物法は，2002年の第6回締約国会議（COP6）で公表された生物多様性条約指針原則が一つの契機となりました（大塚 2004, 69）．その後，国内での議論が高まり，制定へと至ったものです．

　それまでの法律が乱開発や二次的自然の荒廃への対処をめざしていたのに対し，カルタヘナ法や外来生物法は，科学技術や物流システムの発展にともなう環境攪乱への対処をめざしています．乱開発や二次的自然の荒廃がだれの目にも明らかであるのに対し，LMOや外来生物が生物多様性に及ぼす影響には「不確実性」がともないます．また，その「不可逆性」については，すでに指摘したとおりです．両法の制度設計にあたって最大の問題となったのは，どの程度の情報・根拠があれば（どの程度の確実性が示されれば），LMOや外来生物の持ち込み等を制限できるのか，でした．

（3）　生態リスク管理と予防原則の適用

　カルタヘナ法と外来生物法は，「予防原則」という考え方を採用し，LMO

や外来生物が生物多様性に及ぼす影響（リスク）を評価した上で，特定の規制措置（例：LMOの使用の承認の拒否や特定の外来生物の駆除）を発動するためのパワー（権限）を定めました．広い意味での生態リスク管理（Ecological Risk Management）（浦野・松田 2007）が法制度の平面に投影されたものといえるでしょう．

予防原則（予防的アプローチともいう）は，「不確実性」と「不可逆性」という特徴を備えた問題群へ対応する際の一つの考え方です．この考え方は，生物多様性条約でも採用されており，その前文では，予防原則について，

"生物の多様性の著しい減少又は喪失のおそれがある場合には，科学的な確実性が十分でないことをもって，そのようなおそれを回避し又は最小にするための措置をとることを延期する理由とすべきではない"

と規定しています（カルタヘナ議定書でも，予防原則に言及している部分は少なくありません（1条ほか））．

これに対して，生物の多様性の著しい減少または喪失が科学的に確実な場合には，それを回避または最小にするための措置をとるものとする，という考え方が「未然防止原則」です．簡単にいえば，何か措置をとるのであれば，悪影響や被害に関する「確実な」知見がなければならない，というものです．この考え方を使えば，そうした「確実な」知見を得るまでは，問題への対応を先送りすることが可能です．たとえば，1980年代のアメリカは，この原則にもとづいて，地球温暖化問題への対応を先送りしてきました．

予防原則にもとづく仕組みは，カルタヘナ法や外来生物法の中に，次のような形で書き込まれています．カルタヘナ法では，主務大臣に，LMOの使用を承認するパワー（権限）が与えられています．しかし，LMOについてはよくわからないことが多い（不確実性が高い）ので，その後に事情が変わってしまうかもしれません．そこで，法律では，いったん承認しても，事情が変われば，その承認の廃止・変更を検討したり（7条），措置命令をとったりする仕組みが設けられました（10条2項，14条2項）．

外来生物法では，「これは危ない」と考えられる外来生物を，特定外来生物

（2条）に指定し，それによってもたらされる被害を防止するための措置をとるパワー（権限）が書きこまれています．すなわち，特定外来生物については，許可を受けた場合を除いて，飼養，輸入等が禁止されるとともに，防除（捕獲，採取または殺処分，被害防止措置の実施等により影響を緩和すること）の対象となります．その一方で，「危なそうだが，よくわからない（不確実性が高い）．危なさについての判定が必要だ」という外来生物については，未判定外来生物（21条）というカテゴリーを設けました．この未判定外来生物については，特定外来生物として規制するだけの「疑い」がある段階でも規制措置（輸入禁止）が発動される（23条）としています．

　これらの規定は，日本の生物多様性関連法における，予防原則規定の先駆として捉えられるでしょう．2008年には，生物多様性基本法にも，

　　"生物の多様性の保全及び持続可能な利用は，生物の多様性が微妙な均衡を保つことによって成り立っており，科学的に解明されていない事象が多いこと及び一度損なわれた生物の多様性を再生することが困難であることにかんがみ，科学的知見の充実に努めつつ生物の多様性を保全する予防的な取組方法及び事業等の着手後においても生物の多様性の状況を監視し，その監視の結果に科学的な評価を加え，これを当該事業等に反映させる順応的な取組方法により対応することを旨として行われなければならない"（下線は筆者によります）

との規定がおかれるに至りました（3条3項）．

（4）　今後の課題

　カルタヘナ法も外来生物法も全面施行から5年が経過しました．両法とも，見直しの時期が訪れています．法の運用や関連する研究成果を通じて浮かび上がってきた課題はいくつもありますが，ここでは，生態リスク管理の観点から2点だけ指摘しておきましょう．一つは喫緊の法改正を念頭においたもの，もう一つは長期的な「制度のあり方」に関するものです．

①　リスク管理の趣旨

　外来生物法の根本的な課題です．外来生物法は「広い意味での生態リスク管

第3章　ロジックは世界をどう変えるか

理が法制度の平面に投影された」ものであると上に書きました．しかし，そこには，「リスクとうまく付き合っていく」というリスク管理の趣旨が十分に反映されていないように見えます．たとえば，神奈川県で野生化したアライグマの分布は次のように拡大することが予測されています（**図3.1.1**）．

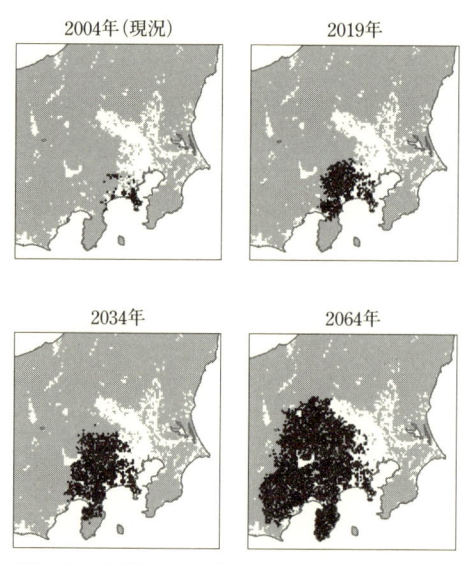

2004年（現況）　　2019年

2034年　　2064年

出典：本予測を行った小池文人教授（横浜国立大学大学院環境情報研究院）から図の原本をいただいた．
図3.1.1　神奈川県からのアライグマの分布拡大予測

　この予測結果を踏まえるならば，「1匹残らず（アライグマを）捕りつくす」という目標の下に，やみくもに防除（外来生物法11条以下）を続けるのは現実的ではありません．投入できる資源（人員や予算）が限られているのですから，むしろ，「アライグマからもたらされる生態リスクもある程度は甘受する」という認識の下に，分布拡大阻止を図るのが合理的な行動です．どの地点に，どれくらいの罠を仕掛けて，どれだけの頭数のアライグマを駆除すれば，費用対効果が最も上がるのか等について，研究者や地域住民も含めた話し合いを行い，管理計画を策定した上で，具体的な施策を進めるという手順が現場で求められることになるでしょう．リスク管理法としての改正外来生物法には，「被害の防止」だけではなく「管理」を法目的として掲げ，それに対応する仕組み

(例：管理計画の策定過程における住民参加の確保）が書き込まれるべきです．

　この点で参考となるのが，ニュージーランドの1993年生物安全法です．そこでは，即刻防除の対象となる外来生物（不要生物と呼ばれます）と長期的な管理対象の外来生物（害悪生物と呼ばれます）を峻別し，前者に対しては防除等の対応を，後者に対しては主に自治体が管理計画を策定した上で，さまざまな対応を組み合わせて，継続的に行っていく仕組みがとられています．この管理計画は，行政当局だけが提案・実施できるわけではありません．だれでも（any person）提案・実施可能であり，その策定過程では住民参加が確保されています．加えて，管理計画の内容が不適切と考える者は，場合によっては，裁判所へ訴え出ることも可能な仕組みとなっています（及川 2007）．

②　リスクと便益の比較

　外来生物が，「脅威」となりうる反面，生物多様性の一部となる場合は考えられるでしょうか．ニュージーランドの生物多様性国家戦略は，「在来生物からなる生物多様性」と「外来生物を含んだ生物多様性」のいずれに対する脅威をも管理対象とすると述べました（New Zealand 2000, 8）．もちろん，主な保全対象は前者であり，たとえば，生物多様性の経済評価の対象はそれに限定されています．

　しかし，次の２つの場合には，「外来生物を含んだ生物多様性」が保全対象となりうるとされました．一つは，その外来生物が国内産業の基盤を構成している場合です．羊がその典型です．もう一つは，ニュージーランドで防除の対象とされている外来生物が，原産国での個体絶滅により，国際的な見地から希少価値を持つようになったような場合です．一つ目の場合は，後述するように，外来生物よりはむしろLMOとの関係で議論の余地が出てくるかもしれません．二つ目の場合については，グローバル化と大量絶滅が同時に進行している状況を念頭におくならば，日本でも制度的対応の方向性について考えておく必要があるでしょう．

　LMOが生物多様性の構成要素となるかどうかの議論については，今まで耳にしたことがありません．ニュージーランド的な考え方にもとづくならば，それが国内産業の主たる一部となるような場合には，保全の対象となるのかもし

れません．たとえば，バイオエネルギーの飛躍的増産につながり，かつ，生物多様性への影響が比較的少ないLMOが開発されるならば，それは生物多様性の一部とみなせるのでしょうか[2]．また，これも仮定の話ですが，絶滅の危機に瀕した，ある生物種への最大の脅威への抵抗力を強めるような形で遺伝子を組み換え，予定された絶滅を回避しえた場合，そのLMOは新たな生物多様性の一部として認められるのでしょうか．

　ここで指摘したようなことは，いわゆるリスク管理にあたって，リスクと便益の比較分析を要求するか，そうする場合において，いかなる仕組みで，どの程度の要求をするか，といった立法政策論上の論点とつながってきます．この点について，予防原則に関する基本文書の一つであるEUのコミュニケーションペーパー（2000年）では，リスク便益分析の採用を肯定しています（Commission of the Communities 2000）が，たとえば，カルタヘナ法では具体的な言及は見当たりません．

2　新たな公共事業の推進法（自然再生推進法）

　2002年に自然再生推進法が制定されました．この法律は，カルタヘナ法や外来生物法とは別な意味で，従来の自然保護法や「環境法化」した諸法とは，着眼点が異なります．自然再生推進法は，（乱開発やLMO・外来生物の輸出入といった）人間活動の規制に主眼をおくものではありません．この法律は，過去に損なわれた生態系その他の自然環境を取り戻す（1条）ことをめざしています．

（1）　法の制定とその基本的な仕組み

　生物多様性条約（1992年採択）は締約国に対し，劣化した生態系の修復と復元を求めており（8条(f)），他方，わが国でも，国土交通省（当時の建設省）が河川，環境省（当時の環境庁）が国立公園，農林水産省が田園において，過去に失われた自然を回復する事業に取り組んできました．1990年代後半から，諸法の「環境法化」が進んだことはすでに説明しました（2章3節）が，2000年代に入って，日本では，「自然再生型公共事業」が提唱されるようになり，第二次国家戦略（2002年策定）における基本指針の一つとして，自然再生への言

及がなされるようになりました．こうした流れの中で，2002年に自然再生推進法が制定されたのです[3]．

　この法律の目的は，自然再生の推進によって生物多様性を確保し，自然共生型の社会の実現と地球環境の保全に寄与することです（1条）．そして，自然再生の意味するところについて，法律では，

① 過去に損なわれた生態系その他の自然環境を取り戻すことを目的として，
② 地域の多様な主体が参加して，
③ 自然環境を保全し，再生し，若しくは創出し，又はその状態を維持管理すること

をいう，と定めました（2条1項）．③の「自然環境の創出」については，緑の少なかった都市地域で大規模な緑を創出すること等が想定できます（大塚 2010, 585）が，本書では，地域の自然環境を資源として再発見し，活用するという「資源創造（Resourcefulness）」の根拠ともなると考えています（本書4章3節で詳しく述べます）．

　自然再生を目的として実施される事業（自然再生事業）は，基本理念（3条）にもとづいて策定される基本方針（7条）に従って進められます．基本理念としては，

① 生物の多様性の確保を通じての自然共生型社会の実現
② 地域の多様な主体の連携と透明性の確保
③ 地域における自然環境の特性，自然の復元力及び生態系の微妙な均衡を踏まえた，かつ，科学的知見にもとづいた実施
④ 事業の着手後においても自然再生の状況を監視し，その監視の結果に科学的な評価を加え，これを事業に反映させる方法による実施
⑤ 自然環境学習の場としての活用への配慮

が掲げられ，2003年，2008年に基本方針が策定されました．

　この「新たな公共事業」の推進主体は，国土交通省や農林水産省等の行政機関だけではありません．事業の実施者，地域住民，それに関連行政機関等から

構成される自然再生協議会が，推進主体としての役割を担うものとされています（8条）．この協議会は，自然再生の全体構想を作成するだけでなく，事業の実施者が作成する実施計画の案についても協議します（8条2項1・2号）．最終的な実施計画は，この協議結果にもとづいて作成されなければなりません（9条3項）．

（2） 自然再生協議会の現状と課題

　自然再生協議会は，2010年3月末までに，全国21地域で設置をみました．すべてが全体構想の作成を完了し，13地域では自然再生事業計画の策定までこぎつけています[4]．事業の実施者は，財政的な事情から行政機関となってしまう場合が多いのですが，民間団体（多摩川流域研究所（山梨県小菅村））が事業実施主体となるケースも，少ないながら存在しています．

　その一方で，自然再生事業の多くが，法律の理念（3条）に合致した形で進められていない，という現場からの報告が見受けられます．*Episode 2*は，その一例です．釧路湿原における河川の蛇行復元事業は，湿原へ流れ込んでくる土砂（湿原の乾燥化をもたらす）を河川の蛇行で抑制するのがねらいです．しかし湿原周囲での開発を制限して，土砂の流入そのものを防止すれば，この事業の必要性は高くないといいます（杉澤 2010）．この点については，前述の理念の③④にもとづく評価と，場合によっては事業の見直しが必要となるかもしれません．

写真3.1.1　オジロワシ

写真3.1.2　夏の釧路湿原

　もちろん，一定の成果も報告されています．札幌市と近隣自治体の間を流れる当別（とうべつ）川では，2008年から，一定の地区を対象とする自然再生事業が始められました．そこでは，河川敷を掘って沼や湿原を創出したり，水が溜まっていた細切れの場所をつなげて広い水域にしたりする一方で，そうした事業の実施によって水質の変化等のマイナスの影響が大きく出そうな区画が判明した際には，その区画はそのまま残すなどの手立てが講じられました．その結果，"劇的な"草原・湿地の復元が見受けられるに至ったといいます（竹中 2010）．この事例については，法律上の理念の④が，事業の計画・実施に適切に反映されたものといえるでしょう．

（3）　法の運用上の課題

　自然再生推進法にもとづく自然再生の推進政策については，2008年に総務省が包括的な評価を実施し，課題を特定した上で，関連省庁への勧告を行いました．そこでの指摘と重なる部分もありますが，次のような課題を指摘しておきます．

　まず，自然再生という言葉に備わるレトリックの力を十分に認識するべきです．たとえば，「直線化されてしまった河川を元のように蛇行させる」といったような（聞こえの良い）事業目的はきちんと吟味されなければなりません．その吟味の道具となるのが法の規定です．法の「使い手」であるわたしたちに求められるのは，法で掲げられた理念（3条）に照らして，自然再生事業の実

態を捉え，その上で，法で用意された新しい手法（例：自然再生協議会（8条））を使って，「新たな公共事業」の中身を構想していくことです．

また，自然再生事業であるからといって，それが環境に悪影響を及ぼさないとは限りません．この点を踏まえるならば，自然再生事業を環境アセスメント（環境影響評価）の対象とすることにも一考の余地があるでしょう．自然再生推進法が「地域」での事業推進を強調していることに鑑みれば，自治体の環境影響評価条例で関連の規定を設けることも一案のように思われます．

この他，法の制定当初から指摘されているのが予算措置の問題です．自然再生推進法はこの点について，国や自治体に対する努力義務を定めているにすぎません（15条）．それゆえ，多くの自然再生事業の実施者が（予算を使える）行政機関となってしまうのです．

（4） 自然再生の行方

国内外を問わず，今後，自然再生事業という「新たな公共事業」の拡大が予想されています．古典的な箱もの造成タイプの公共事業と同様に，生態系の「つながり」を回復する事業にも財政出動効果がともなうからです．ただし，自然再生事業が「無駄な公共事業」の隠れ蓑となりうることや，事業それ自体が環境へ及ぼす影響も無視できないことには注意を要します．それゆえ，今一度，自然再生法の立法趣旨と具体的な規定に立ち戻るべきことを述べてきた次第です．最後にいくつか付け加えておきます．

第一は，回復した自然環境の価値（金銭的な価値を含む）の扱い方です．レクリエーションやエコツアーなどの形で直接的に利用することももちろんですが，価値をストックして売り出すこともできるかもしれません．たとえば，アメリカで湿地の回復事業が進んだ背景には，回復させた湿地の価値をストックして，売り出すための法律上の仕組みの存在があります．しかし，価値をストックするやり方は，金銭的なものだけではありません．地域でどれだけの生態系が回復されたのかを定性的に評価し，たとえば，生物多様性基本法13条にもとづく生物多様性地域戦略に書き込むという方策があります．自治体間競争が激しさを増す今後の社会において，地域の資源とその価値を，発見して，外部へ発信していく作業は，自治体経営の要の一つとなるでしょう．本書では，こ

の点についても後述します（4章3節）．

　第二に，自然再生のためのより詳細な指針が学会（日本生態学会）から出されていることです．2005年に出された，この指針については"自然再生の取り組みがまっとうなものかどうかを判断する材料として，他のどの情報源よりも詳細に項目がまとめられている"と評されています（石川 2010, 82）．

　最後に，自然再生に関する国外の制度にも目を向けておきましょう．2008年，ニューサウスウェールズ州（オーストラリア）は，第二次生物多様性地域戦略（最初の地域戦略は1999年に策定）の草案を公表しました（同州の生物多様性戦略は，1995年絶滅のおそれのある種の保全法（Threatened Species Conservation Act 1995）の140条にもとづく法定戦略です）．新たな戦略案では，生物多様性保全の行動指針として，

①　生息地の「つながり」(habitat connectivity) が，地域の地理的スケールにおいてはもちろん，州や全国の地理的スケールにおいても重要であること
②　生息地の損失・悪化の防止が，自然再生よりも費用対効果の面で優れかつリスクが少ないこと

等が挙げられました（Department of Environment and Climate Change NSW 2008, 11）．②が生物多様性保全の行動指針として特定されていることは，日本の自然再生法の下での法システムと比べて特徴的であり，注目に値します．また，地域戦略が，こうした先進的な取組を進めるためのシナリオとして機能していることも参考になります（生物多様性地域戦略の意義と機能については，本書第4章で説明します）．

注
[1]　以下のグアム島での事件の記述は，Jaffe (1997) にもとづいています．
[2]　こうしたLMOを開発するプロジェクトは世界中で展開されており，日本でも，2008年から新農業展開ゲノムプロジェクトが始まっています．
[3]　自然再生推進法制定の経緯について，佐藤（2005）に詳しい叙述があります．
[4]　環境省報道発表資料（2010年3月25日）「自然再生推進法に基づく自然再生事業の進捗状況の公表について（お知らせ）」環境省ホームページ（http://www.env.go.jp/press/press.php?serial=12310）参照（2010年5月15日アクセス）．

第3章 ロジックは世界をどう変えるか

引用文献

石川幸男 (2010)「自然再生 その考え方と取り組みの状況」『北海道の自然(北海道自然保護協会・会誌)』48:76-86.

浦野紘平・松田裕之 (2007)『生態環境リスクマネジメントの基礎—生態系をなぜ,どうやって守るのか—』オーム社.

及川敬貴 (2007)「ニュージーランド1993年生物安全法—外来生物の非意図的な侵入による生態系等への影響の防止・管理を目指した法システム—」『季刊環境研究』147:97-103.

大塚直 (2004)「未然防止原則,予防原則・予防的アプローチ(3)—わが国の環境法の状況(2)」『法学教室』286:63-71.

―――― (2010)『環境法(第3版)』有斐閣.

小池文人 (2007)「外来生物リスクの評価と管理」浦野紘平・松田裕之『生態環境リスクマネジメントの基礎—生態系をなぜ,どうやって守るのか—』109-127,オーム社.

佐藤寿延 (2005)「自然再生への招待—自然再生推進法の意義とこれから」自然再生を推進する市民団体連絡会『森,里,川,海をつなぐ自然再生—全国13事例が語るもの』237-254,中央法規.

杉澤拓男 (2010)「釧路湿原自然再生事業の5年とその行方」『北海道の自然(北海道自然保護協会・会誌)』48:93-100.

竹中万紀子 (2010)「当別川地区自然再生事業—そのプロセスと今後の展望」『北海道の自然(北海道自然保護協会・会誌)』48:87-92.

横浜国立大学環境遺伝子工学セミナー編著(佐野浩監修)(2003)『遺伝子組換え植物の光と影II』学会出版会.

Commission of the Communities (2000) *Communication from the Commission on the Precautionary Principle*. Brusells.

Jaffe, M. (1997) *And No Birds Sing: A True Ecological Thriller Set in a Tropical Paradise*. New York: Barricade Books.

Department of Environment and Climate Change NSW (2008) *A New Biodiversity Strategy for New South Wales - Discussion Paper*.

New Zealand (2000) *The New Zealand Biodiversity Strategy*.

第2節 衡平性の確保—ABSとSATOYAMA（里山）

Episode

1. 日本の排他的経済水域（EEZ）（いわゆる200海里水域）は，世界第6位の広さを持つ[1]．外国船舶による，この海域での科学調査は，1990年代後半から2000年代の前半にかけて，約70件程度と伝えられている．

2. 里地里山は，日本の生物多様性の宝庫である．環境白書によれば，希少種が集中して分布する地域の50％以上が，里地里山に含まれるという．その一方で，国内の耕作放棄地は1985年の13万4千haから2005年には38万5千haへと増大し，里地里山の劣化が懸念されている[2]．

Question

1. *Episode 1* が日本にとって重要な問題を提起していることを，生物多様性の観点から説明してください．

2. 暮らしている場所（都市であるか地方であるか）にかかわりなく，わたしたちは里地里山からの生態系の恵み（生態系サービス）を享受しているはずです．*Episode 2* はどのような問題の存在を示唆しているでしょうか．

本節の見取り図

生物多様性条約は，保全と持続可能な利用に加えて，「遺伝資源の利用から生じる利益の公正・衡平な配分」を目的として掲げました．これは，生物資源をめぐる先進国と途上国間の不衡平な関係を是正するためのものです．この目的の一般的な趣旨である，「生物多様性資源の利用をめぐる衡平性の確保」という観点は，日本の国内法の現状を評価し，今後の制度のあり方を考えるのにも役立ちます．

第3章　ロジックは世界をどう変えるか

1　衡平性の確保

　日本における，生物多様性関連の法体系らしきもの（本書2章1節 図2.1.2）をもう一度よく見てみると，そこには，生物多様性条約の第三の目的，すなわち「遺伝資源の利用から生じる利益の公正・衡平な配分」を反映した法律が見当たらないことに気がつきます．この目的は，南北関係の是正という国際的な文脈を意識して，条約中へ挿入されたものです（本書1章2節）が，その一般的な趣旨は，国内の主体間関係のあり方を再検討するための手がかりともなりえます．そこで，「生物多様性資源の利用をめぐる衡平性の確保」という観点から，ABS（遺伝資源へのアクセスと利益配分）とSATOYAMA（里山）関連の国内制度の現状と今後の制度設計のあり方について，検討します．

2　ABS（遺伝資源へのアクセスと利益配分）[3]

　本書では，生物多様性条約採択の背景事情の一つとして，先進国（の企業）による生物資源の独占的開発・利用問題に言及しました（本書1章2節）．エピソードの一つとして紹介したのが，メバロチン（血液中のコレステロールを下げる効能を有する）をめぐるストーリーです．このエピソードは，ABSのわかりやすい例であり，かつ，日本の企業が関係しているものなので，ここでもう一度紹介しておきましょう．
　メバロチンは1999年に，日本の医薬品売上高第1位（1885億円）を記録したヒット商品ですが，そこに至るまでには長い道のりがありました．製品化の取組は1971年に始まりましたが，必要な化学反応を起こすためのカギとなる生物資源がどうしても見つからなかったのです．ところが，オーストラリアの砂漠の中から，製品化のカギとなる細菌が発見されました．それ以後の製品化作業はスムーズに進み，メバロチンは，1989年に市場へ投入されたのです．
　現在，世界で使われている薬剤の25％以上はカビやキノコなどの菌類の成分に由来しているといわれます．こうした生物「資源」が世界には豊富に存在していますが，厄介なのはそれが偏在していることです．そうした資源は生物多

第2節　衡平性の確保——ABSとSATOYAMA（里山）

様性の豊かな途上国に集中的に存在しています．たとえば，ベリーズ共和国の「キノコの宝庫」と呼ばれる高山地域では，2007年に行われた調査の結果は驚くべきものでした．わずか2週間の調査で，40種類もの新種のキノコが発見されたのです[4]．

生物資源は「万民の共有物である」という古い考え方の下では，先進国（の企業）がそれを国外へ持ち出し，研究を重ねて商品を開発し，巨万の富を得る一方，その資源の原産国への見返りは特に提供されませんでした．こうした状況を「不衡平」なものとして捉え，生物的海賊行為（Biopiracy）というレッテルを貼ることにより，途上国は生物多様性条約の策定過程で政治的なパワーを集結したのです．

条約の発効後もABS関連のエピソードは尽きることがありません．2009年，ロンドンを本拠地とするある投資会社は，南米のガイアナ共和国との間で，ある森林（1432平方マイル）の生態系からの恵みを購入する契約を締結しました．契約内容は明らかにされていませんが，投資会社はこの森林の調査研究と保全のために今後120万USドルをつぎ込む予定であるといいます[5]．この投資会社の意図は正確にはわからないのですが，「まだ見つかっていない貴重な生物資源」を囲い込んでおくというねらいもあるのかもしれません．

(1)　ABSと名古屋議定書の採択

ABS（Access and Benefit Sharing）とは直訳すると「アクセスと利益共有」となりますが，具体的にどのようなことかといえば，次のように説明できるでしょう．すなわち，ABSとは，大まかにいえば，冒頭のメバロチンの製品化のようなケースにおいて，ある生物資源を利用して得られた利益の一部は，地元へ還元されるべきではないか，そうであるならば，どのような仕組みでだれにどれだけ還元されればよいのか．また，多くの生物資源には潜在的な価値があるのだから，その探査活動にも一定の規制がかけられるべきではないか，といった問題群を内包する考え方です．

こうした問題群への対応が重要となるのは，生物多様性条約に次のような定めがおかれたことによります．生物多様性条約の目的は，生物多様性の①保全，②持続可能な利用，それに，③遺伝資源の利用から得られる利益の公正・衡平

89

第3章 ロジックは世界をどう変えるか

な配分の3つですが，この最後の目的については，

> "各国は，自国の天然資源に対して主権的権利を有するものと認められ，遺伝資源の取得の機会につき定める権限は，当該遺伝資源が存する国の政府に属し，その国の国内法令に従う"（15条(1)）

との規定があり，それを踏まえた上でさらに，

① 遺伝資源へアクセスする（生物資源探査活動を行う）場合には，事前に情報（例：探査活動の日程，場所，規模）を相手国側へ提供して同意を得ておくこと（PIC: Prior Informed Consent）（15条(5)）
② 遺伝資源の利用から生じる利益の公正で衡平な配分（同条(7)）

に関する定めがおかれました．

　ただし，条約にはそれより詳しい定めは見当たりませんし，締約国は国内法の整備を義務付けられているわけでもありません．ですから，締約国は，自国での（他国民または自国民による）生物資源探査活動を規制する国内法令（以下，ABS法といいます）を整備したければそうすればよいし，したくないならば未整備のままでかまわない，ということになります．日本は，まだ法整備をしていません．なお，生物多様性国家戦略の策定のような措置については，条約上の義務なので，締約国は「そうしなければならない」ことになります（6条(a)）．

　条約にもとづく国際的なルールとしては，2002年のCOP 6（生物多様性条約第6回締約国会議）で採択されたボン・ガイドライン（正式名称は，「遺伝資源へのアクセスとその利用から生じる利益の公正・衡平な配分に関するボン・ガイドライン」）があります．しかし，条約や議定書とは違って，ガイドラインは締約国を拘束するものではありません．国際的なルールのあり方をめぐる議論は長期にわたって続いていますが，2010年3月に開催された国際的な作業部会（2001年に設置されたこの作業部会は2010年に第9回目の開催を迎えた）でも，交渉はまとまりませんでした．

第 2 節　衡平性の確保——ABS と SATOYAMA（里山）

　ABS をめぐる途上国と先進国の対立には，根深いものがあります．生物資源の原産国としての途上国が，資源の探査から製品化に至るまでの道筋を辿れるような仕組み（例：特許を出願する際の出所明示）を求めているのに対し，利用する側の先進国は，ケースバイケースによる対応を求めています．また，拘束力ある国際ルールの適用対象についても，途上国が条約発効前に収奪された資源等を含めるように主張しているのに対し，先進国はケースバイケースの対応が適切であると主張しています．
　COP10 では，激しい国際交渉の末に，拘束力ある共通ルールとしての名古屋議定書が採択されました．日本でも，これを批准するために，ABS 法の制定に向けた準備作業が始まっています．関連する論点は多岐にわたりますが，ここでは，次の 2 点を挙げておくことにしましょう．

（2）　日本の文脈で考える ABS

　ABS については，メバロチンのような事例が典型例として知られています．「生物資源を収奪する先進国（の企業）と収奪される途上国（と当該資源を持続的に利用してきたローカルな主体）」という構図を思い浮かべる方も多いでしょう．そのため，ABS 法（生物資源探査活動を規制する国内法令）の整備は，途上国でばかり進んでいるような印象があるかもしれません．実際，これまでに多くの途上国が ABS 法の整備を進めてきました．フィリピンの大統領令 247 号（1995 年制定）が最初の ABS 法であるといわれています．それを嚆矢として，その後は，生物資源大国である途上国（例：インド，ブラジル，ペルー）を中心に ABS 法の整備が進みました．しかし近年は，先進国（例：オーストラリア，カナダ，ニュージーランド，ノルウェー）でも関連法を整備（しようと）する動きが見られます．先進国が ABS 法の整備を進めようとするのは，なぜなのでしょうか．考えられる背景事情を 2 つ挙げ，日本にも大いに関係があることを指摘しましょう．

① 伝統的知識の保全

　一つは，生物資源そのものやその場所・効用等について，地域社会が育み，維持してきた伝統的知識（Traditional Knowledge）の扱いです（「地域社会」と

いう用語については，フィリピンの2005年ガイドラインが「生物資源の収集地内または収集地のすぐ隣に住んでいる人々」という定義をおいており，以下でも，同じ意味で用います）．植物から産出される医薬品の半分は，熱帯雨林地域の植物に由来するといわれていますが，それらの医薬品の開発のカギとなるのが，地域の伝統的知識です．その植物の薬品的効用を長期にわたって利用してきた先住民族等の経験をヒントにして，（主に）先進国の企業が医薬品を開発するケースが少なくありません．たとえば，サラワク州（マレーシア）の固有種であるサンユウカ（Tabernaemontana Divaricata）という植物から抗がん物質が発見されたことがありました．この物質（の効用）は，現地の先住民族によって長い間利用されてきたものであったといいます（渡辺・二村 2002, 92-93）．

当然のことですが，伝統的知識なるものは，途上国にのみ存在しているわけではありません．オーストラリアのアボリジニ，カナダのイヌイット，ニュージーランドのマオリはもちろん，わが国においても，アイヌ民族や琉球民族がそれぞれ特徴ある伝統的知識（生物資源の効用に関するものを含む）を育み，それとともに暮らしてきました．ある論者によれば，伝統的知識を利用することで，生物探査は「砂漠の中から1本の針を探す」作業から「サラダボウルに入った砂の中から1本の針を探す」作業へと変わるといいます．この言葉は，生物資源探査の現場において，いかに伝統的知識が決定的な役割を果たすものかを物語っています．

ところが，生物多様性条約において，地域社会は，PIC（資源探査活動に先立つ事前の同意．Prior Informed Consent のことです）の取得先や公正・衡平な利益配分の相手方として，直接言及されていません（15条）．それゆえ，国内法の書き方としては，次の2つのパターンが考えられます．

一つは，条約でとくに言及がされていないのだから，地域社会と生物資源探査者との法関係を私的自治に委ねる，というものです．つまり，地域社会からのPICの取得やそれに対する利益配分について，ABS法では特別な要求を定めず，当事者間の自由意思に任せる，という書き方です．

もう一つは，それとは逆に，地域社会と生物資源探査者との関係のあり方を前もって法律で定めておく，というものです．すなわち，直接的な言及は見当たらないものの，条約は，

"自国の国内法令に従い，生物の多様性の保全および持続可能な利用に関連する伝統的な生活様式を有する原住民の社会および地域社会の知識，工夫および慣行を尊重し，保存しおよび維持すること，そのような知識，工夫および慣行を有する者の承認および参加を得てそれらの一層広い適用を促進することならびにそれらの利用がもたらす利益の衡平な配分を奨励すること"

と定めています（8条(j)）．また，ボン・ガイドラインも，資源原産国政府に加えて，実際に資源を提供する者（提供者）からもPICを取得するとともに，

"アクセスする者と提供者の間に，生物資源へのアクセスおよびその利用から生じる利益の公正かつ衡平な配分を「相互に合意する条件」で契約する"

ことを推奨しています．これらの規定の趣旨を尊重するならば，たとえば，生物資源探査を開始する条件として，地域社会からのPICの取得や利益配分に関する協定（以下，利益配分協定）の締結を求める，というようなABS法の規定ぶりが考えられます．

筆者が予備的な調査を行ったところ，既存のABS法では両方のパターンが存在していましたが，規制の強度（許可的なものとするか，特許的なものとするか），衡平性確保のための行政組織の設計方式（独任制の機関か，合議制の機関か），それに手続の詳細さ等について，それぞれの法律で特徴的な仕組みとなっていることがわかりました（この調査の結果は，本節の最後に*Appendix*として付記します）．

② 資源国の再定義

もう一つは，将来の「資源国」となる可能性を確保することです．科学技術の発展によって，これまで利用できなかった生物資源の利用可能性が高まるならば，新たな資源大国が誕生するかもしれません．ニュージーランドやノルウェーがABSに注目する背景には，海洋生物資源の利用可能性があると思われます．この2国はともに，広大なEEZ（排他的経済水域）の管轄国です．EEZは，国連海洋法条約によって沿岸国に管轄権が与えられた，基線から12海里以

遠200ないし350海里以内の海域であり，資源の探査，開発，保存および管理等のための主権的権利の行使が認められています．

この海域は，未知の世界であるとともに，生物・非生物（天然ガスや各種鉱物）を含めた資源の宝庫となっています．しかし，条約によって管轄権が認められているとはいえ，国内法にもとづく管理をしないのであれば，そうした宝庫をだれが探査しても文句は言えません．また，そこで収集された資源を利用して得られた利益が原産国へ還元される必要もないのです．

日本は資源小国として知られていますが，EEZ の面積は，陸地面積（38万平方 km）の12倍，447万平方 km にも及びます．これは世界第6位の広さであり，そこには膨大な生物・非生物資源が存在しています．それらの資源の利用可能性を念頭におくならば，日本は潜在的な意味での「新たな資源大国」となるはずです．ところが，*Episode 1* に記したように，この海域での外国による生物探査活動はないわけではないのですが，それを規制するための法整備は進んでいません．

実は，この海域に関する法律がないわけではありません．日本は，1996年に排他的経済水域及び大陸棚に関する法律（以下，EEZ・大陸棚法という）を制定し，EEZ・大陸棚へのわが国の法律の適用を認めました（3条）．しかし，この法律は，海域管理に関連する多数の法律がいかなる理念のもとに，どのように適用されるかについて，特段の定めをおいていません．単純な事実ですが，法律の名称が表すように，この法律は，EEZ・大陸棚に「関する」法律であり，その積極的な「管理」をめざしたものではないのです．

2007年に海洋基本法が制定をみた現在においても，この状況は基本的には変わっていません．現行の法律群に定められた理念や仕組みが，EEZ・大陸棚の管理のためにいかに適用されている（および，されうる）のかが調査されているところです．この海域の管理については，関連する既存の法律群の改正か，新法の制定かで見解が分かれるところでしょうが，いずれにしても，ABS の観点からの適切な対応が制度設計上の一つの論点となることは確かです．

第2節　衡平性の確保——ABSとSATOYAMA（里山）

写真3.2.1　収穫期の水田と雑木林

3　SATOYAMA（里山）[6]

　里地里山（以下，里山という）についても，資源をめぐる「衡平性」の観点からの検討は欠かせません．ところで，里山とは何でしょうか．これに直接答える形での法律上の規定は見当たらないのですが，生物多様性基本法14条2項は，次のような定めをおいています．

　"国は，農林水産業その他の人の活動により特有の生態系が維持されてきた里地，里山等の保全を図る"

　この規定から，里山とは，人が「手入れ」（例：下草刈り）を施すことによって維持されてきた，二次林や水田，水路，ため池その他の農地などを指すであろうことがわかります[7]．

（1）　里山の意義とその危機

　Episode 2 のように，里山は，日本における生物多様性の宝庫であるとともに，人が自然とふれあう場および生産活動の場としても重要です．さらに，里山がいわゆる「順応的管理」（*Column*①参照）の結実である点も忘れてはならないでしょう．

第3章　ロジックは世界をどう変えるか

Column ①　順応的管理と法 ・・・・・・・・・・・・・・・・・・・・・・・・・・・・・・・・・・・・

　わたしたちは，何らかの仮説の上に，特定の目標を含んだ計画を立て，事業を実施していくのが普通です．しかし，生態系については，科学的知見は不確実・不完全なので，事業が実施された後に「こうなるとは思わなかった」という状態変化がしばしば起こります．そこで，事業のモニタリング（監視）と最新・最善の科学的データの集積を続けながら，生態系の状態変化に応じて管理目標や事業内容の見直しなどを行うのが，順応的管理という管理手法です（浦野・松田 2007, 193）．この管理手法では，事業の「終わり」が明確でなく，その目標さえもが絶えず変化することになります．そうなると，行政の説明責任があいまいになりやすく，また，事務や事業の評価をいつの時点のいかなる基準に照らして行うかも難しくなるでしょう．結果として，行政の裁量（判断の余地）が大きくならざるをえません．しかし，昔から「裁量のあるところには濫用の危険ある」と言われ，歴史を振り返るとわかるように，その危険はしばしば現実のものとなってきました．日本の法律では，その反省の上に，「行政庁の裁量処分については，裁量権の範囲をこえ，又はその濫用があった場合に限り，裁判所は，その処分を取り消すことができる」と定めています（行政事件訴訟法30条）が，これは「事後的」な裁量統制です（本書2章3節の *Episode 2* は，この規定が使われた事例です）．前述した順応的管理の特徴を踏まえた場合，計画策定段階での法的な手続（例：早い段階での十分な住民参加）の整備やそこでの司法審査などの「事前的」な仕組みが求められていくものと考えられます（畠山 2009, 9-10, 13）．後述する「参加型生物多様性評価」は，そうした仕組みのあり方を考えるにあたっての，一つの材料となるでしょう（本書4章3節）．

・・・

　森と水辺（ため池と水田）が隣接している里山生態系は，朝鮮半島から稲作が伝わった際に現れ始め，その後，約1000年にわたって維持されてきました．こうした里山の生態系は現在でも数多く残されていますが，それらは，稲作渡来後の1000年にわたって人による「手入れ」が施され，多くの生物がゆっくりと適応してきた結果であるといえます[8]．実験室では行うことのできない，長期かつ大規模な生物多様性・生態系管理の実験の結果が，里山という形で，私たちの目の前に広がっているのです．

　こうした里山の危機を，わが国の社会に広く「伝えた」のが，2002年に策定された第二次生物多様性国家戦略でした．そこでは，日本の生物多様性が直面

する危機を3つに整理（本書1章2節を参照してください）し，第二の危機として，「里山などの手入れの不足による自然の質の変化」を挙げました．

この第二の危機が，*Episode 2* と符合します．少子高齢化と都市への人口集中の問題は，年金や医療等の制度問題との絡みで毎日のようにとり上げられていますが，同じ問題は，里山における生物多様性の危機とも密接に関係しているのです．日本社会は，「超高齢化社会の下での里山（生態系・生物多様性）の管理」という，人類が歴史上経験したことのない，壮大な社会実験の最中におかれているといえるでしょう．

実験の結果が「管理の失敗」となることを避けるには，都市部に偏在していた各種の資源（例：人，予算，情報）を，里山管理の現場である地域へ充当し，最低限の「手入れ」を確保する手立てが必要となるはずです．このことは，それらの資源の偏在という不衡平さを是正する手立てと表裏一体の関係にあります．以下では，法的な対応のための基盤が拡大しつつある状況を説明していきます（経済的，社会的・行動学的，技術的，認知的な対応については，国際連合大学高等研究所＝日本の里山・里海評価委員会編（2012）第5章を参照してください）．なお，法律名の後ろの（　）に制定年を記しました．

（2）　法的対応[9]

日本には，里山の保全や管理を直接の目的とした総合的な立法，すなわち「里山保全法」のようなものは，昔も今も存在していません．その保全と持続的な利用のための対応は，多種多様な個別法に依拠してきました．従来の個別法は，前述の危機への対応としては十分なものとは言い難かったのですが，1990年代以降，法的対応の基盤が拡大し，そこに書き込まれた多様な「戦術」を使える環境が整いつつあります．

①　問題の原因としての個別法

1980年代までの個別法については，都市公園法（1956年）や都市緑地法（1973年．2004年に都市緑地保全法から都市緑地法へ改正）などが，主に都市地域における里山の確保と保全に用いられてきました．たとえば，都市緑地法12条にもとづく特別緑地保全地区は，都市計画区域内の良好な自然環境を形成する

ものであり，無秩序な市街化の防止や動植物の生育地等のために役立ってきました．しかし，その他の法令群は，開発促進・産業保護法的な色彩が濃く，その活用には限界があったのです．

とくに，土地利用に関する法令群（例：国土総合開発法（1950年）やリゾート法（1987年））は，適切・効果的な対応というよりもむしろ，国土の均衡ある発展のスローガンの下で，里山の開発を後押しするように作用することが少なくありませんでした．また，都市地域の開発利用や農地・森林の利用に関する法令群（例：都市計画法（1968年），農地法（1952年），森林法（1951年））にしても，その規制対象となる行為は主に建築行為や土地の改変等でした．これらの法律群は，樹林管理放棄・農地の耕作放棄を抑制するものではなく，その適用によって里山特有の問題に対応することは困難であったのです．

② 新たな法制度の発展

生物多様性条約の採択（1992年）以降，風向きが変わり始めました．生物多様性・生態系保全や里山の重要性等への認識が高まり，関連する新たな法律（例：環境基本法（1993年）や農山漁村滞在型余暇活動のための基盤整備の促進に関する法律（1994年））や行政計画（第一次生物多様性国家戦略（1995年））が現れました．実は，それらの中に「里山」という文言が書き込まれていたわけではありません．また，新しく制定された法律とはいえ，里山特有の問題への適用が難しいものも，依然として少なくありませんでした．たとえば，環境影響評価法（1997年）は，その対象となる事業が空港や高速道路等の大規模な開発事業に限られ，一般的に小規模である里山の開発事業への適用はありません．しかしながら，この時期に，里山の危機へ法的に対応するための「戦術（法的な措置）」は格段の広がりをみたのです．

③ 戦術の多様化と戦略としてのSATOYAMA（里山）

2000年代に入ってからも，里山保全に関連する新法の制定が続きました．自然再生推進法（2002年），景観法（2004年），エコツーリズム推進法（2007年）などです．それらの新法では，新たな観点（例：里山における棚田と集落および隣接樹林地等の景観としての一体的把握）からの土地利用規制・管理（例：多様な

主体が参画する協議会方式による管理）が可能となりました．

　また，里山保全を「戦略」的に展開するための記述も，環境政策の中心的な行政文書の中に，多数現れるようになりました．2006年の環境基本計画は，里山について，規制的な手法にとどまらない多様な仕組みを活用しつつ，地域住民の生活や生産活動との関わりの中で，総合的な保全を進めていくことを明らかにしました．この計画を基本として策定されたのが，第三次生物多様性国家戦略（2007年）です．この戦略では，里山は，「生物多様性から見た国土のグランドデザイン」のための一つの観点となり，里山に関連する一連の施策が，持続可能な社会の日本モデルとしての「SATOYAMAイニシアティブ」の主要な一部として，世界へ向けて発信されることが書き込まれています．このイニシアティブは，「日本の自然観や社会・行政システムなどの自然共生の知恵と伝統を活かしつつ，現代の知恵や技術を統合した自然社会共生社会モデル」と説明されています．わかりやすく言うならば，前述したように，日本の里山は，1000年以上にわたる大規模な生物多様性・生態系管理の実験の結果であり，その上に現代の日本の発展があるというストーリーを国際社会へ広く伝えていこう，というものです．

　加えて，個別分野の行政文書の中にも，里山に関する施策が数多く含まれるようになりました．たとえば，森林・林業基本計画は，森林・林業基本法の理念をうけて，森林の有する多面的機能の発揮や森林の持続的で健全な発展を実現するための森林と林業に関する総合的な計画を定めたものです．2006年に見直された，この計画では，地域と都市住民の連携による里山林の再生活動を促進すること等によって，国民参加の森林づくりを一層推進することとしたほか，里山林の保全・利用活動や地方公共団体における制度等の実態を把握し，効率的な里山林の保全・利用活動を推進する等としています．

④　生物多様性基本法の制定

　2008年には，生物多様性基本法が制定されました．この法律の基本的な仕組みは，すでに説明しました（本書2章1節）．この法律の14条2項では，里山保全に関する具体的な記述がなされています．本節の冒頭で部分的に紹介しましたが，ここに全文を記しておきましょう．

第3章　ロジックは世界をどう変えるか

"国は，農林水産業その他の人の活動により特有の生態系が維持されてきた里地，里山等の保全を図るため，地域の自然的社会的条件に応じて当該地域を継続的に保全するための仕組みの構築その他の必要な措置を講ずるものとする."

　この規定にもとづいて，今後，地域や分野を越えた広域的・横断的な管理施策の導入や各種の非規制的な仕組みの開発が見込まれています．
　また，この法律の制定によって，里山の保全に言及していた，国の各種計画の関係も整理されました．環境基本計画（環境基本法15条1項にもとづくものです），生物多様性国家戦略，前述した森林・林業基本計画では，いずれも里山保全に関する多様な施策が盛り込まれていました．しかし，どれが上位の計画なのかがわからなくなり，里山の保全について，計画ごとに異なる施策が書き込まれると，国民の側は混乱してしまいます．
　これらの計画間の関係は，法令上明確ではなかったのですが，生物多様性基本法の制定によって一定の整理がなされました．すなわち，

- 生物多様性国家戦略は環境基本計画を基本として策定するものとし，
- 森林・林業基本計画等その他の国の計画は，生物多様性の保全および持続可能な利用に関しては，生物多様性国家戦略を基本とする

ことが定められたのです（生物多様性基本法12条）．
　生物多様性基本法制定後の最新の法的対応の一つが，バイオマス活用推進基本法（2008年）です．この法律は，バイオマスの活用の推進に際して，農林水産業の多面的な機能の持続的な発揮と生物多様性の確保にも言及しています．それゆえ，この法律は，里山への適切・効果的な対応のあり方を，「エネルギー安全保障」の観点からも検討するための基盤となりうるものです．

⑤　条例による対応
　国の法制度については，①〜④のような一定程度の発展が見られますが，基本的には水田や農地が単独に扱われ，全体を一体的に捉える視点が今なお希薄

です．また，そもそも法律は，国全体のためのルールなので，地域ごとに多様な，自然的，社会的，経済的状況を十分に踏まえた設計がなされているわけでもありません．こうした限界を克服するための法的対応の一つとして，地域ごとのルールである条例の活用が進められています．

条例は，公共性のある事務（＝任務や権限）を遂行するために，地方公共団体の議会が自主的に制定する法規の定立形式であり，あらゆる事務について，法律の範囲内で制定することができます（憲法94条，地方自治法14条1項）．

里山の保全・管理については，1980年代までは，「緑地推進」「緑化推進」関係の条例を通じて，都市緑地の「量」的な確保が進められました．1990年代に入ると，同じ条例による保全の「対象」が広がりを見せるようになります．具体的には，丘陵地や斜面林などが保全対象として現れ，より広範な観点から，二次的自然の確保が図られるようになりました．また，1999年の地方分権推進一括整備法の成立をうけて，国が法令上保持していた各種権限が地方へ下ろされ，条例制定の余地は一層拡大することになりました．

2000年代に入ってからは，高知市里山保全条例（2000年），千葉県里山の保全，整備及び活用の促進に関する条例（2003年），神奈川県里地里山の保全，再生及び活用の促進に関する条例（2007年）など，全国各地で，里地里山の保全・管理を直接の目的とする条例が制定されました．とくに，2000年以降に制定された条例では，保全・管理対象区域の一体化や区域指定にあたっての市民・NPOの参画による共治（ガバナンス）の推進など，国の法律の弱点を補うような規定が多く見られます（三瓶・武内 2006）．

なお，同様の規定は，ふるさと石川の環境を守り育てる条例（石川県 2004年）や大阪府都市農業の推進及び農空間の保全と活用に関する条例（2007年）等，里山の名を冠していない条例にも包含されています．

4 今後の課題

ABSについては，名古屋議定書が採択され，日本でも国内法による対応が求められることになりました．すでに，関連する議論が始まっていますが，他の先進国での法制化作業の動きをフォローし，制度設計上の論点等について情

報を蓄え，検討を進めることが肝要です．これまでに海外で作られたABS法に具体的に何が書き込まれているのかを知り，それを比較する作業が第一歩となります．予備的な作業として，地域社会の位置づけについて，いくつかの国・地域のABS法の書きぶりを比べてみました．本節の最後に *Appendix* として付記します．

里山については，その保全や持続可能な利用のための法的な基盤が拡大し，使える「戦術（法的な措置）」が多数生まれました．これらの戦術を総合的に使って，今後の里山保全が進められることになります．近年制定され始めた里山保全条例や後述する生物多様性地域戦略（本書4章）は，そのための手段となるはずです．

ただし，必要な「手入れ」の不足を解消するための戦術に関しては，一層の検討の余地がありそうです．手入れのための資源（例：人手や金銭）は，少子高齢化が進む中で，これまで以上に，都市部へ集中していくことが予想されます．これらの資源を里山の手入れに投入し，管理責任の「衡平」化を図っていく仕組みの開発が，今後の課題の一つとなるでしょう．この課題は，SATOAYAMAイニシアティブが，基本理念の一つとして，生態系サービスの利益と負担をより広域の様々な主体間で共有する，新たなコモンズ（共同管理の仕組み）の構築，を掲げていることからも明らかです（ポスト2010年目標日本提案補足資料 2010，9）．

この点では，森林環境税（*Column*②）の展開が注目されます．これは，まさに地域間の「つながり」のあり方が，生態系サービスをめぐる「衡平性」の観点から見直された具体例であると考えられます．こうした現代的な取組の紹介とともに，里山の意義および古くからの取組を説明できるならば，自然と人との「つながり」という側面からだけでなく，今後の高齢少子社会における，地域間の「つながり」の再構築と「衡平性」の確保の観点からも，日本のイニシアティブに注目が集まるのではないでしょうか．そのときに，"里山"は"SATOYAMA"になると思われるのです．

Column ② 森林環境税

里山を含んだ森林の公益的機能（国土の保全，水源のかん養，自然環境の保全，

第2節　衡平性の確保——ABSとSATOYAMA（里山）

公衆の保健，地球温暖化の防止等）が持続的に発揮されることを確保するために，（税の名称や目的に多少の相違はありますが）森林環境税と呼ばれる制度を導入する都道府県が増えています．森林環境税は，森林の公益的機能の恩恵を享受するすべての県民に対して幅広く負担を求める税制度であり，その税収によってさまざまな森林保全事業を推進しようとするものです．現在までに47都道府県のうちの30県が森林環境税を制度化しました．課税方式としては，県民税への上乗せ方式（県民税均等割超過課税方式）を採用するものが多く，個人としては，年間500～1000円程度，法人としては年税額の5～10％程度の加算がなされています．税収については，年に1～5億円程度と見込む自治体が多数に上ります．実施事業はさまざまですが，病害虫で荒廃した里山林の再生などが進められてきました．森林環境税については，里山を含んだ森林環境保全の観点から一定程度評価する声がある一方で，さまざまな課題も指摘されています．課税方式の見直し（例：開発行為や非再生資源利用への課税），税収使途の見直し（例：実施事業の環境保全効果の評価・検証の仕組みの導入），環境保全の担保（例：税収によって整備を行う森林の所有者に適切な森林管理の実施を義務付ける仕組みの導入）などです．なお，ここで用いた数字については，「青の革命と水のガバナンス」ホームページ（http://www.uf.a.u-tokyo.ac.jp/~kuraji/BR/）の森林環境税データベースを参照しました．

Appendix　ABS法と地域社会

ABS法における地域社会の位相について，いくつかの国・地域の法制度を考察・比較した．対象としたABS法は，クイーンズランド州の2004年生物探査法（オーストラリア），北部準州の2006年生物資源法（オーストラリア），インドの2002年生物多様性法および2004年生物多様性規則，フィリピンの1997年先住民権利法，2001年野生生物資源保全・保護法および2005年フィリピン国内の生物資源探索に関するガイドラインである．

（1）　利益配分協定の主体と内容

ABS法では，生物資源探査に係る許可を発行する際の主たる要件として，利益配分に関する協定（agreement）（以下，利益配分協定）の締結を求めることが多い．地域社会はこの協定を締結する主体として法令上どのように位置付けられているのか．協定の内容や手続についていかなる規定が設けられているのか等を中心に考察した．

第3章　ロジックは世界をどう変えるか

① 協定の締結主体

　フィリピンや北部準州（オーストラリア）のABS法において，地域社会は，生物資源探査者との間で利益配分協定を締結する主体として認められている（2005年ガイドライン14条(3)，2006年生物資源法19条および27条(1)）．また，インドのABS法においても，地域社会と生物資源探査者とが"相互に合意する取引条件（mutually agreed terms and conditions）"という文言を含んだ規定がある（2002年生物多様性法21条(1)）．これらの協定・取引条件については，後述するように，その内容が一定の条件を充たすことを中央政府が確保するものとされる（2005年ガイドライン1条(2)および6条(2)，2006年生物資源法19条，2002年生物多様性法21条(1)）

　これに対して，クイーンズランド州（オーストラリア）のABS法では，生物資源探査者との間に利益配分協定を締結するのは州政府であり，地域社会ではない（2004年生物探査法33条．州の開発庁長官に対して協定締結権限が付与されている）．したがって，クイーンズランド州において，地域社会は生物資源探査者との間で利益配分協定を締結することを禁じられているわけではないが，締結された協定は任意のものにすぎず，その内容や締結手続に関しては私法上のルールが適用されることになる．

② 協定の締結手続

　北部準州（オーストラリア）の2006年生物資源法において，地域社会と生物資源探査者との間における協定の締結手続は，PIC（資源探査活動に先立つ事前の同意．Prior Informed Consent）が適切に取得されたかどうかの判断事項として書き込まれており，具体的には，次のような規定がおかれている．

❖28条　事前同意（informed consent）
  (1) CEO（Chief Executive Officer）は，資源アクセス提供者［＝地域社会］が利益配分協定にもとづいてPICを［生物資源探査者に対して］付与したことを確認しなければならない（must be satisfied）．
  (2) (1)に関して，CEOは次の諸点を検討する（consider）ものとする：
    (a) 資源アクセス提供者が本法に関する適切な知識を有し，かつ，許可申請者［＝生物資源探査者］との間で利益配分協定に関する合理的な交渉（reasonable negotiation）に入れていたかどうか．
    (b) 資源アクセス提供者が次の諸点に関して，適切な時間を付与されていたかどうか：

第 2 節　衡平性の確保——ABS と SATOYAMA（里山）

(i)　関係する人々との協議.
(ii)　アボリジニの土地の場合，当該土地の伝統的所有者（traditional owners）との協議.
(iii)　利益配分協定に関する協議.
(c)　資源アクセス提供者が本法の適用・要件に関する独立した法的助言を受けているかどうか.

　フィリピンの2005年ガイドラインでは，協定締結の際の交渉は，地域社会の指名する"代理人（representatives）"によってなされるものと定める（14条(1)）が，これに加えて，政府機関が当該交渉に際して地域社会を支援することが明言されている（7条(3)～(5)）.

③　協定の内容とその公正・衡平性の確保
　フィリピン，インド，北部準州（オーストラリア）のABS法では，中央政府に対し，地域社会が生物資源探査者との間で締結した協定・取引条件の内容が一定の条件を充たすことを確保するよう求めている（2005年ガイドライン1条(2)）および6条(2)，2006年生物資源法19条，2002年生物多様性法21条(1)）.具体的には，当該協定・取引条件の内容が，いわゆる"利益の公正で衡平な配分"（生物多様性条約15条(7)）の観点から，中央政府による審査（フィリピンでは evaluation，北部準州では confirmation，インドでは ensure という文言が使われている）を受ける仕組みが設けられている.かかる審査を担当する行政機関は，

　　フィリピン：技術委員会
　　北部準州（オーストラリア）：CEO（Chief Executive Officer）
　　インド：国家生物多様性局

であるが，北部準州のCEOが独任制の機関であるのに対し，フィリピンの技術委員会とインドの国家生物多様性局はともに合議制の機関であり，地域社会の利益を代表する政府機関（例：国家先住民族問題委員会（フィリピン）や部族民問題を取り扱う省庁（インド））が構成メンバーとなることが法定されている（2005年ガイドライン5条および6条(2)，2002年生物多様性法8条(4)(b)）.
　公正・衡平性の実質的な中身に関する規定ぶりは国により多様である.たとえば，

インドでは，利益配分の方式は"それぞれの事例に基づいて決定される"と定める一方で，利益の額については"地方団体および利益を主張する者との協議の上，当該承認の申請者と生物多様性局とが相互に合意して決定する"と定めるほか，生物遺伝資源の利用から生じる利益の流れを生物多様性局が監視する等の規定もおいている（2004年生物多様性規則20条）。他方，"合理的な利益配分のための措置 (reasonable benefit-sharing arrangements)"という文言を用いて，とりわけ先住民族への配慮を示していると考えられるのが，北部準州（オーストラリア）の2006年生物資源法における次の規定である。

❖29条　利益配分協定
(1) 利益配分協定には，合理的な利益配分のための措置（reasonable benefit-sharing arrangements）が定められなければならない。かかる措置としては，利用される先住民族の知識の保護，認識および尊重のほかに，次のものが含まれるものとする：
(a) 協定の当事者に関する詳細な説明。
(b) 協定で認められる当該地域への立ち入りの時間と頻度。
(c) 協定でアクセスが認められる資源。
(d) 協定に基づいて当該地域から持ち出される資源の量。
(e) アクセスの目的。
(f) 標本のラベリングの手法。
(g) 標本の所有権に関する取り決め（第三者への譲渡のケースを含む）。
(h) 先住民族の知識の利用に関する説明。当該説明には，当該知識のソースに関する詳細（例：資源アクセス提供者から獲得された知識なのか，それとも他の先住民から獲得された知識なのか）が含まれる。
(i) 先住民族の知識の利用の見返りとして提供される利益または付与される特定の便宜に関する説明。
(j) アクセスが認められる地域の生物多様性保全に便益をもたらすための提案に関する詳細。
(k) 資源アクセス提供者が当該資源の収奪の見返りに受け取る便宜の詳細。

（2）　PIC（事前の情報にもとづく同意）
PICと利益配分協定は実質的に重なる部分も多い。PIC「それ自体」の中身や手続

について各国 ABS 法が定めている例はあるのか，あるとすればどのような規定がおかれているのか等については次のような規定ぶりであった．

① PIC の取得先

オーストラリアの北部準州（2006年生物資源法27条）やフィリピン（1997年先住民権利法35条および2001年野生生物資源保全・保護法14条）では，生物資源探査に係る許可を発行する要件として，地域社会からの PIC の取得が求められている．これに対して，クイーンズランド州（オーストラリア）の2004年生物探査法やインドの2002年生物多様性法では，地域社会からの PIC の取得に関する規定が見当たらない．

② PIC の取得手続

北部準州（オーストラリア）の ABS 法においては，PIC の取得手続そのものに関する規定は見当たらないが，すでに紹介したように，PIC が適切に取得されたかどうかは，地域社会が当事者となる協定の締結手続が"合理的"であったかどうかの判断と「重なって」いる（2006年生物資源法28条）．これに対して，フィリピンの2005年ガイドラインでは，地域社会からの PIC の取得手続「それ自体」についての詳細な規定をおいている．すなわち，フィリピンの ABS 法に基づいて許可申請を行った資源探査者は，2005年ガイドラインの13条(2)に従い，ローカルレベルでの PIC 取得に際して，

(i) 通知（notification）：当該生物資源探査活動の内容に関する文書での通知
(ii) 地域協議（sector consultation）：地域集会（a community assembly）の開催
(iii) PIC 証明書の発行（issuance of PIC certificate）

という基本手順を踏まねばならない．

ただし，これらは基本手順であり，PIC 取得の相手方が先住民族である場合には，特別な手続が必要となる．すなわち，地域協議(ii)のための地域集会は，先住民族が関係する場合，"先住民族の慣習法および慣行・伝統に従って行われなければならない"（ガイドライン13条(2)(b)）とされ，PIC 証明書の発行(iii)についても，先住民族が関係する場合，"証明書の発行は，1997年先住民族権利法の関連規定に従う"（同13

条(2)(c)) とされる.さらに,ガイドラインに定められた基本手順は,1997年先住民権利法により定められた規則を補足しているにすぎず(ガイドライン13条(4)),先住民族からのPICの取得に際しては,当該規則とガイドラインが相互補完的に適用されることとなる.

また,フィリピンの2005年ガイドラインには,"PICまたはFPICの付与は利益配分の条件次第とすることができる"との規定があり(8条(1)(e)),この規定は,地域社会に対し,PICの付与に関する拒否権を設定したものと読みうる可能性がある.

③ PICの内容とその取得の確保

フィリピンのABS法では,地域社会から取得されるPICについて,通常のPICのほかにFPIC(Free and Prior Informed Consent)という特別なPICが設定されている(1997年先住民権利法35条).これらのPICはともに,当該生物資源探査活動の意図や対象範囲を相手方が理解できる言語と方法で完全に開示した後で得られる同意を意味するが,通常のPICが"私人である土地所有者,地域社会,保護地域管理委員会(PAMB:Protected Area Management Board)"から取得される(2005年ガイドライン5条)のに対し,FPICは"先住民とそのコミュニティ"から取得される(同条)という違いがある.また,FPICの取得については,慣習法および慣行・伝統が適用されるとともに,"当該コミュニティの全構成員の総意"にもとづくものとされる(同ガイドライン5条).

フィリピンや北部準州(オーストラリア)のABS法では,中央政府に対し,PICが取得されていることを確保するよう求めている.その際の手続や行政組織については,利益配分協定における衡平・公正性の確保の場合と同様である(前述).

(3) 検討

生物多様性条約15条において,地域社会は,PIC(事前の情報にもとづく同意)の取得先や公正・衡平な利益配分の相手方として直接言及されているわけではない.その一方で,同じ条約の別な箇所(8条(j))やボン・ガイドラインでは,生物資源の直接の提供者,つまり地域社会からのPICの取得や利益配分協定の締結が奨励されている.既存のABS法における規定ぶりは多様であった.いくつか気のついたことを記しておきたい.

第2節　衡平性の確保——ABSとSATOYAMA（里山）

① 規定のパターン

クイーンズランド州（オーストラリア）の2004年生物探査法のように，地域社会と生物資源探査者との法関係を私的自治に委ねるという書き方がある．これを直ちに不合理であるとは評価し難い．法にもとづくルールが不在であっても，企業などの自主的なルールが存在するならば，公正・衡平性が確保される場合もありうるからである．しかし，すべての企業がそうした自主的なルールを定立しているわけではないし，その中身もさまざまであろう．また，地域社会には，利益配分協定の締結当事者となるために必要な知識等が備わっていない場合も少なくない．北部準州（オーストラリア）が「法的な知識」などに言及するのはそのためである．

そこで，利益配分協定の手続・内容面に一定の公的な規制（具体的には"公正・衡平性の確保"）を及ぼすという仕組みを法に書きこむという，もう一つのパターンが検討の俎上に上ることになる．このような規定であれば，生物多様性条約15条はもちろん，同条約8条（j）やボン・ガイドラインの要請にも適切に応じられる．フィリピン，北部準州（オーストラリア），インドのABS法では，こうした仕組みが採用されていた．

法的な観点からの若干の分析を加えておこう．これらの規定では，一般に，法令に定められた要件を充たすことを条件として一定の行為（生物資源探査活動）に係る禁止を解除するという仕組みが採用されていた．こうした仕組みは，講学上の「許可」に該当すると解されるが，当該行為を行おうとする主体が自国民または自国の法人である場合はさておき，それが外国の法人である場合には，講学上の「特許」として解する余地があるように思われる．この違いの認識は，具体的な規制の強弱の付け方と関係してくるはずである．実際，インドの2002年生物多様性法では，同一の行為（生物資源探査活動）に関して，自国民による場合と外国人による場合で規制の強度を変えている．

② 確保されるべき「公正さ・衡平性」

これも各国で特徴がみられた．興味深いと思われた点を2つ挙げておく．一つは，同じ「地域社会」といえども，私人である土地所有者と先住民族の制度上の位置づけが異なる場合が見受けられることである．たとえば，フィリピンのABS法では，"私人である土地所有者"等から取得される通常のPICのほかに，"先住民とそのコミュニティ"から取得されるFPIC（Free and Prior Informed Consent）という特別なPICを設け，後者の取得については，慣習法および慣行・伝統が適用される

とともに,"当該コミュニティの全構成員の総意"が求められるとされている.

もう一つは,"公正・衡平性"を確保するための行政組織の設計方式である.オーストラリアの北部準州では,特定のだれか（CEOという仕組み）に権限を与えるという方式を採用していた.これに対して,フィリピンやインドでは,複数の主体を構成メンバーとする合議制機関（フィリピンの技術委員会とインドの国家生物多様性局）を設け,そこに権限を与える方式がとられている.後者においては,地域社会の利益を代表する政府機関（例：国家先住民族問題委員会（フィリピン）や部族民問題を取り扱う省庁（インド））が構成メンバーとなることが法定されている.これに対して,前者の場合は,少なくとも2006年生物資源法の条文上,特定の資格要件は見当たらず,当該職に就く自然人によっていかに地域社会の利益を反映しうるのかという問題を指摘できる.

③　行政訴訟との関係

北部準州（オーストラリア）のABS法が注目に値する.そこでは,十分な時間をかけた協議や専門的な助言（例：独立した法的助言）の提供（2006年生物資源法28条）および当該資源の利用の見返りとして受け取る利益や便宜（同4条）などが,利益配分協定（およびPIC）の手続・内容面において確保されるべき「合理性」の中身として特定されている.

仮に日本がABS法を整備し,そこに同様の規定が書き込まれるとするならば,それらは,生物資源探査活動についての許可の発行（裁量処分）に至る行政庁の判断過程を審査する際の具体的な手がかりとなりえよう.こうした司法審査方法は,わが国の裁判所において頻繁に採用されている.最近の最高裁判例として,最判平成18年11月2日（民集60巻9号3249頁）や最判平成19年12月7日（民集61巻9号3230頁）がある（後者については,本書2章3節を参照のこと）.

注
［1］　日本の200海里水域（12海里領海とその外側に設定されている188海里の排他的経済水域（EEZ））の面積は447万平方kmで,世界第6位の広さです.ただし,この数字は,北方領土・竹島・尖閣諸島を日本の領土とし,基線をそこに設定した上,周辺国家のEEZとの重複海域については中間線を境界として算出されています.
［2］　環境省編（2009）257および260参照.
［3］　ABSについては,磯崎ほか（2011）で詳しい考察が施されています.また,名古屋議定書とわが国のABS国内法制に関する議論状況については,北村（2014）が最新の情報を提供しています.主要参考文献についても同論文を参照してください.

第 2 節　衡平性の確保——ABS と SATOYAMA（里山）

［4］　National Geographic News（http://news.nationalgeographic.com/news/2008/10/081031-belize-mushroom-missions.html）参照（2010年5月12日アクセス）．
［5］　Ellison（2009）参照．
［6］　里山保全をめぐる法制度については，武内・鷲谷・恒川編著（2001）および関東弁護士連合会編（2005）において示唆に富む論稿が多数収められています．また，国際連合大学高等研究所＝日本の里山・里海評価委員会編（2012）第 5 章では，里海保全関連の法制度も含めた考察が施されています．
［7］　環境省編（2009）260参照．
［8］　日本生態学会編（2010）74参照．
［9］　ここでの「対応」とは，里山の生態系サービスの劣化を防止したり，生態系を再生したりして，その持続可能な管理を実現するためにとりうる方策を意味します．法的対応は，そうした対応の一つにすぎません．対応には，物資の生産から消費・蓄積までの全過程における経済的な対応，社会的・行動学的な対応，新たに開発された科学技術等による技術的対応，環境教育や人的ネットワークの形成等による認知的対応などがあり，それらを総合的に評価し，今後の対応の中身を検討していく必要があります．こうした作業を試みたのが，国際連合大学高等研究所＝日本の里山・里海評価委員会編（2012）第 5 章です．なお，法的対応と経済的対応については，小寺（2008）および日本自然保護協会編（2008）120-127の整理が包括的で参考になります．

引用文献

磯崎博司ほか編著（2011）『生物遺伝資源へのアクセスと利益配分：生物多様性条約の課題』信山社．
浦野紘平・松田裕之（2007）『生態環境リスクマネジメントの基礎―生態系をなぜ，どうやって守るのか―』オーム社．
環境省編（2009）『平成21年版環境白書（循環型社会／生物多様性白書）―地球環境の健全な一部となる経済への転換―』日経印刷株式会社．
関東弁護士連合会編（2005）『里山保全の法制度・政策―循環型の社会システムをめざして』創森社．
北村喜宣「名古屋議定書の国内実施のあり方」『上智大学法学論集』58（1）：1-41．
小寺正一（2008）「里地里山の保全に向けて―二次的な自然環境の視点から―」『レファレンス』686：53-74．
三瓶由紀・武内和彦（2006）「里地保全に関連する市町村条例の類型化に関する考察」『ランドスケープ研究』69（5）：763-766．
武内和彦・鷲谷いづみ・恒川篤史編著（2001）『里山の環境学』東京大学出版会．
日本自然保護協会編（大澤雅彦監修）（2008）『生態学からみた自然保護地域とその多様性保全』講談社サイエンティフィック．
日本生態学会編（宮下直・矢原徹一責任編集）（2010）『なぜ地球の生きものを守るのか』文一総合出版．
国際連合大学高等研究所＝日本の里山・里海評価委員会編（2012）『里山・里海―自然の恵みと人々の暮らし―』朝倉書店．

第3章　ロジックは世界をどう変えるか

畠山武道「生物多様性保護と法理論―課題と展望―」環境法政策学会編『生物多様性の保護―環境法と生物多様性の回廊を探る―』1 -18, 商事法務.

ポスト2010年目標日本提案補足資料（2010）（http://www.mofa.go.jp/mofaj/press/release/22/1/PDF/010702.pdf）（2010年5月15日アクセス）.

渡辺幹彦・二村聡編著（2002）『生物資源アクセス：バイオインダストリーとアジア』東洋経済新報社.

Ellison K（2009）Ecosystem Services‐Out of the Wilderness, Frontiers in Ecology and the Environment 7(1): 60.

第3節　生物多様性の確保と「司令塔」

Episode

1. アメリカは，世界の主要国の中で唯一，生物多様性条約を批准していない．しかし，ホワイトハウスが生物多様性に着目した時期は早かった．1980年（カーター政権期）のアメリカの環境白書では，生物多様性の確保に関する詳しい考察が施されている．その上で，同じ白書では，早くも生態系管理（エコシステム・マネジメント）の法政策的な導入の必要性が訴えられていた．生物多様性条約の採択よりも10年以上前の出来事である．

2. 2009年11月20日の衆議院環境委員会で，環境副大臣に対し，次のような問いかけがなされた．

　　委員「日本の環境行政の組織上の課題についてお聞きしたいと思います．環境省は"小粒でもぴりりと辛い"的な省庁として機能しうるのかもしれないのですが，多くの巨大な事業官庁を本当にリードしていけるのでしょうか．……たとえば，内閣府に環境行政をリードするような組織を法的に整備するとか．内閣府設置法を見ますと，環境に関する言及がないのですよね．……米国の環境諮問委員会（CEQ）のことを……調べていますが，日本版の CEQ のようなものを設けて，上位から環境の質についてしっかりと議論ができる，そういう体制をつくるべきではないかと思いますが，副大臣，いかがでしょうか．」［下線は筆者による］

Question

　Episode 2 で下線の引かれている環境諮問委員会（CEQ）は，広義のホワイトハウスの一部とみなされています．生物多様性を確保するにあたって，国のトップレベルにはどのような機能が期待されるでしょうか．

第3章　ロジックは世界をどう変えるか

---― 本節の見取り図 ―――――――――――――――――――――

　生物多様性の確保にあたって，その重要性はだれもが認めるところでありながら，考え方や具体的な制度設計についての議論がおろそかになってきたテーマがあります．行政組織のあり方をどうするのか．言いかえれば，数多くの法律にもとづいてバラバラに進められる施策間の「つながり」を確保するための行政組織とはどのようなものなのか．本節では，アメリカの「環境の司令塔」の組織構造と機能を説明し，生物多様性の確保についても「トップの強化」が求められる理由を示します．

1　ホワイトハウスの「環境の司令塔」[1]

　1980年の環境白書はもちろん，アメリカで環境白書を作成する任務を負ってきたのが，環境諮問委員会（CEQ: Council on Environmental Quality）です．広義のホワイトハウスに設置されたCEQは，環境白書を通じて，法政策上重要と思われるテーマをいち早くとり上げて，全国へ発信してきました．*Episode 1*の生物多様性や生態系管理についてはもちろん，地球温暖化についても，1970年（ニクソン政権期）の環境白書の中ですでにその重要性に言及しています．

　環境白書の作成は，CEQの数ある任務のうちの一つにすぎません．その主な役割は，

　(1)各省庁でバラバラに進められる諸施策に一定の方向性を与えること（省庁横断型のリーダーシップの発揮），および

　(2)省庁間の争いをマネジメントすること（省庁間紛争マネジメント）

です．そして，CEQは，

　(3)　(1)(2)の活動を通じて得た情報を分析し，それをトップレベルの意思決定者（大統領とホワイトハウスのスタッフたち）が利用できる形の政策情報へと変換・提供する

第3節 生物多様性の確保と「司令塔」

という活動を続けてきました.

アメリカの環境行政機関といえば, 多くの方が環境保護庁 (EPA: Environmental Protection Agency) の名を思い浮かべるでしょう. しかし, アメリカでは, それよりも上位の政治レベルに, 環境の「司令塔」をおいているのです (図3.3.1).

後述するように, 生物多様性保全政策の発展過程においても, CEQ は前述した(1)～(3)の機能を果たしてきました. 以下では, この「司令塔」の組織構造や具体の活動内容はもちろん, その背後にある基本的な「考え方」についても説明していきます.

その「考え方」は, 今からちょうど40年前に, アメリカ環境政策全体の基本指針として法律に書きこまれました. *Episode 2* で下線が引かれた「環境の質 (environmental quality)」です. 驚くべきことですが,「環境の質」と「生物多様性」はある種の同義語ではないかと思われるほど, その趣旨が似通っています.

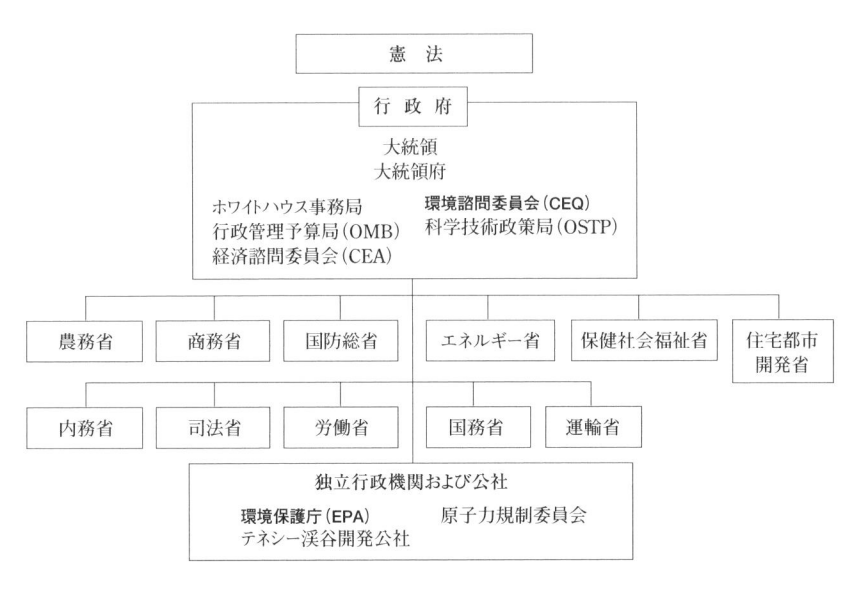

出典：及川 (2003) 17.

図3.3.1 アメリカの環境行政機構

第3章　ロジックは世界をどう変えるか

2　国家環境政策法（NEPA）

　アメリカでは，1970年1月1日に国家環境政策法（National Environmental Policy Act. 通称NEPA）が制定されました．「環境の質」とCEQ（環境諮問委員会）は，どちらも，この法律にもとづくものです．前者は，アメリカ環境政策の基本理念（101条）として，後者は，この基本理念をホワイトハウス内で確保するための組織（201条以下）として，世に現れたのです．
　NEPAは，その制定から40年が経過した現在でも，アメリカ環境法のマグナカルタ（大憲章），あるいは土台（cornerstone）と称されます．それゆえ，日本でも知名度の高い外国環境法の一つなのですが，その根本的なねらいが，「環境の司令塔」の整備等を通じて，縦割り行政の弊害を打破する点にあったことは，あまり知られていません．なぜなのでしょうか．

（1）　日本でのNEPAのイメージ

　日本において，NEPAは「アメリカの環境アセスメント法」として紹介されるのが常でした．なるほどNEPAには，

> "環境の質に重大な影響を与える……主要な連邦政府の提案行為"が環境に与える影響や代替案などを記した"詳細な評価書"を作成せよ

という規定があります（102条(c)）．これは世界で初めて環境アセスメントを法定化したものであり，その後，世界各国はこぞってアセスメント法を制定するようになりました（環境アセスメントは，アメリカ建国史上，最高の輸出品だ，との声もあります）．また，この規定は膨大な数の訴訟を生み出し，アメリカの国内外に衝撃を与えました．たとえば，1976年から1991年の間だけでも，NEPAに関連する訴訟の数は1611件にも上り，そのほとんどが，環境アセスメントをめぐるものだったのです．しかも，そのうちの164件で（問題になった事業の）差止めが認められました[2]．こうした事情の下，NEPAについては，その環境アセスメントの部分に関心が集中し，日本でもそれを中心とした紹介がなさ

れてきたのです.

(2) NEPAの基本構造

しかし一歩離れて,法律の全体を眺めてみると,異なる制度景観が広がっていることに気がつきます.そこでは,環境アセスメント要件は,NEPA の主ではなく従であり,パーツの一つでしかありません[3].NEPA の全体的な構造は次の図3.3.2のとおりです.

① 政策決定の基本理念

NEPA の条文は,国家環境政策の宣言から始まります(101条).そこでは,アメリカにおける公共政策の基本理念として,環境の質(environmental quality)の維持・回復による,人間と自然の生産的な調和の確保が掲げられ,続いて,いくつかの政策目標がおかれました.NEPA の立法過程において,環境の質とは,

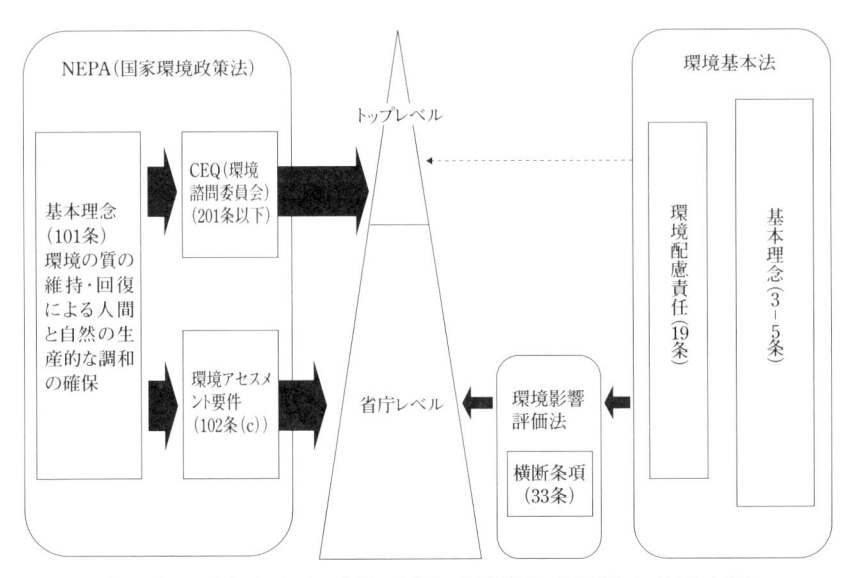

出典:及川(2010 b)13.矢印(の太さ)は個別の公共性の横断的管理の法的要求(の強さ)を表す.

図3.3.2　NEPAの基本構造

第3章　ロジックは世界をどう変えるか

環境に悪影響を及ぼすおそれのある施策に対する"代替案の慎重な調査"であり，この調査にあたっては，倫理的，審美的，物理的，知的ならびに経済的需要を含んだ"全面的な環境重要"が考慮される

との説明がなされています．この説明だけではわかりにくいのですが，環境の質と，いわゆる環境の保護（environmental protection）とを比べてみると，その意味するところが明確に浮かび上がってきます．

すなわち，環境の保護は，環境保護庁（EPA）という巨大規制行政機関の名称にもなっているように，各種の需要よりも，清浄な環境の保護（という特定の需要）を確保するという個別の公共性（省益）に相当します．これに対して，環境の質は，環境の保護や経済開発などのさまざまな個別の公共性（省益）を横断的に管理するための考え方として定立されました．環境の保護は，環境の質という考え方によって横断的に管理される個別の公共性（省益）の一つでしかないのです（図3.3.3）．

見過ごされがちですが，これら2つの「環境」の違いを認識することは，NEPAという法律の本質を理解するのに欠かせないポイントです．実際，NEPAにもとづく環境アセスメントの適用対象となるのは，「環境の質」に重

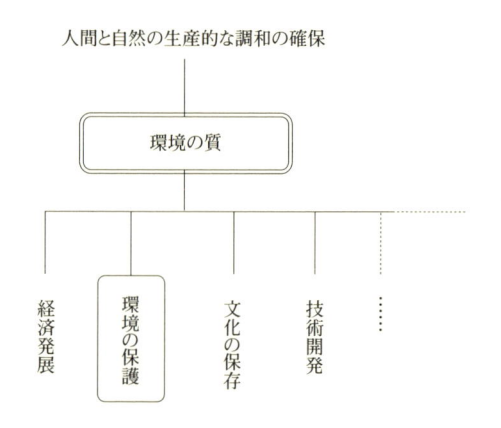

出典：及川（2010 b）14．

図3.3.3　2つの「環境」の位相

第3節　生物多様性の確保と「司令塔」

大な影響を与える連邦行為ですし，CEQ の名称も直訳すれば「環境の質に関する諮問委員会」なのです．しつこいようですが，CEQ は「環境の保護に関する諮問委員会」ではありません．

② 　2つの措置

環境の質という基本理念（NEPA101条）を実現するための措置が，環境アセスメントという法定要件（102条）と CEQ（環境諮問委員会）（201条以下）という組織です．注目すべきは，2つの措置が作用する行政レベルの違いです．

環境アセスメント要件は，通常の省庁レベルで作用することが念頭におかれています．たとえば，地方空港への大型ジャンボジェット機の乗り入れには，連邦航空局の許可が必要になります．しかし，許可がドリれば，空港に隣接する国立公園の環境に重大な影響が及ぶかもしれません．このような場合には，許可を下すかどうかの判断に際して，NEPA にもとづく環境アセスメントが行われることになります．連邦航空局にとっての個別の公共性（省益）を越えた横断的な観点から，環境影響の中身・程度や代替案などを特定・検討し，環境の質の維持・回復を図ろうというわけです．

これに対して，CEQ はより高い政治レベルで作用します．CEQ は，通常の省庁ではなく，大統領府内の機関，つまり広義のホワイトハウスの一員として存在しています．CEQ に期待されているのは，大統領やホワイトハウスのスタッフへ，個別の公共性（省益）に囚われない独立的な見地からの助言を提供することです．ホワイトハウスは「高所から縦割り行政を見渡し，横断的に考え，決定を下すのに最適な場所である」といわれますが，ひょっとすると（実際，かなりの確率でそうなるのですが）「環境の素人」の集まりとなるかもしれません．そこで，NEPA の立法者たちは，CEQ を政府の常設機関として設置することで，ホワイトハウスを安全保障や経済の司令塔としてだけではなく「環境の司令塔」としても機能させようと考えたのです．

(3)　NEPA の基本思考と日本の行政組織

このように，NEPA という法律は，単なるアセス法ではありません．NEPA は，環境の質という基本理念と，その理念に沿った政策決定を確保するための

措置を要素とする，総合的な法システムなのです．そして，その基盤には，個別の公共性（省益）を越えた横断的な管理を図るために，省庁レベルはもちろん，政府のトップレベルでも環境配慮責任が確保されなければならない，という考え方が横たわっています．

この考え方に照らした場合，日本の法制度には次のような疑問が投げかけられるはずです．すなわち，日本の政府のトップレベルにおいて，環境配慮責任はいかに確保されることになるのか，と．環境配慮責任それ自体については，環境基本法19条が次のように定めています．

　　　"国は，環境に影響を及ぼすと認められる施策を策定し，及び実施するに当たっては，環境の保全について配慮しなければならない."

省庁レベルであれば，環境影響評価法が，この責任の確保に役立つ可能性がありますが，内閣府や内閣において，そうした責任はどのように確保されるのでしょうか．図3.3.2では，この疑問を矢印の太さによって表現してみました．

もちろん，CEQが存在するからといって，ホワイトハウスが常に「環境の司令塔」として適切に機能してきたわけではありません．レーガン政権やブッシュ（息子）政権のホワイトハウスはむしろ「アンチ環境の司令塔」として君臨しました．しかしながら，NEPAという法律とそれにもとづくCEQのおかげで，ホワイトハウスは個別の公共性（省益）を越えた政策を幾度となく産出してきたことは確かです．

3　司令塔の組織的特徴

個別の公共性（省益）を越えた横断的な管理を，省庁レベルはもちろん，政府のトップレベルでも行う．これがNEPAの基本構造であり，根本的なねらいです．この点を頭において，次に，CEQの組織面での特徴について説明しておきましょう．

（1）　小規模のスタッフ組織としてのCEQ

CEQの規模は大きくありません．人員的には委員長を含んだ3名のメンバ

第3節　生物多様性の確保と「司令塔」

ーと30名程度のスタッフを擁するのみであり，年間予算も300万ドル程度にすぎません．これに対して，EPA（環境保護庁）は巨大な行政機関であり，たとえば，クリントン政権期（1994～1997会計年度）の雇用者数は17450名，予算は66億6900万ドル（いずれも4会計年度の平均）に上ります．また，わが国の環境省と比べても，CEQの小規模さは顕著です．

表3.3.1　CEQの予算と人員

会計年度	予算 （万ドル）*	専門スタッフ の数（人）**
1970	30	15
1971	150	26
1972	230	57
1973	255	56
1974	247	50
1975	250	50
1976	274	44
1977	280	40
1978	303	32
1979	313	32
1980	313	32
1981	254	32
1982	92	16
1983	93	14
1984	70	13
1985	88	13
1986	67	10
1987	81	10
1988	83	11
1989	85	13
1990	150	20
1991	187	34
1992	256	40
1993	250	40
1994	68	3
1995	100	10
1996	219	19
1997	250	19
1998	302	23

*　　単位未満は四捨五入してある．
**　CEQには，通常，専門スタッフのほかに一時雇いの職員が雇用されている．
出典：及川（2003）137．

第3章 ロジックは世界をどう変えるか

しかしながら，次のように，CEQは，NEPAのねらいを実現するのに必要ないくつもの構造的特徴を備えており，それらが「省益横断的な機能」の発揮に役立っています．

① ホワイトハウスの一部とみなされている

CEQが位置する大統領府には，CEA（経済諮問委員会）やNSC（国家安全保障会議）等の大統領を補佐するための機関が集まっています．これらの機関は，複数の省庁を横断するかまたは大統領レベルで直接扱うべき問題を担当することから，広義のホワイトハウスの一部とみなされています（図3.3.1を参照してください）．

1993年に公刊されたある報告書が指摘するように，（大統領府を含んだ）ホワイトハウスは，

> "権限の分散が進んだ行政府の全体像（overview）を捉え，今後の見取り図を描くための最適かつ唯一の場所である"

といわれます．この場所から，CEQは全体を眺め，個別の公共性（省益）の下でバラバラに進みがちな環境関連の諸施策を把握・評価し，それらを横断するような環境政策の方向性を示しうるのです（後述する4(1)の「省庁横断型のリーダーシップの発揮」）．

また，ホワイトハウスの一部とみなされることで，CEQには政治的な意味での威信が備わってきます．この威信が，個別具体の省庁間紛争のマネジメント（後述する4(2)）に役立ってきました．

> 「ホワイトハウスの一部と目されることの重要さは，連邦政府のトップレベルで働いた経験のある者でなければわからない．」

これは，元CEQスタッフ で，90年代初頭にCEQ委員長代行も務めた Ray Clark 氏が筆者へ語ってくれたことです．

第 3 節　生物多様性の確保と「司令塔」

　同様のコメントは，CEQ の現職スタッフである Horst Greczmiel 氏からも聞くことができました．Greczmiel 氏の前職は，沿岸警備隊（Coast Guard）のスタッフ弁護士です．同氏によれば，他の連邦省庁との折衝が必要なことは当時も現在も変わらないが，前職時と比べて，CEQ へ赴任してからは，そうした折衝がスムーズに運ぶようになったといいます．具体的には，同氏が，なにかについて問い合わせたり，情報提供を求めたりした場合の各省庁の対応が格段に速くなったというのです．

　　「CEQ が動いているということは，ホワイトハウスが動いていることを意味する
　　（ので，CEQ の意向を無視することは難しい）」

というのがワシントン DC での一般的な認識であるとのことでした．
　もちろん，単に「ホワイトハウス（の一部として）の権威がある」だけではなく，実際に上院の同意と承認を得て，大統領により任命される CEQ 委員長の役職レベルは極めて高いものです．連邦政府の職員としては，最高レベル（レベル II）であり，CEA（経済諮問委員会）や OMB（行政管理予算局）の長と同級です．これを越えるレベルの職は，合衆国大統領（レベル I）です．

② **ホワイトハウスと近い**
　より単純明白な意味での「近さ」も CEQ の構造的特徴の一つとして挙げられるでしょう．CEQ の玄関に立ってみます．そして，ドアを背にして，顔を45度右へ向けます．そこに見えるのは何でしょうか．ホワイトハウスです．
　ゆっくりと歩いてもホワイトハウスまで数分しかかからない距離．この空間的な特徴を踏まえると，

写真3.3.1　CEQ の正面玄関

第3章　ロジックは世界をどう変えるか

「ホワイトハウスのスタッフやCEQ，CEAの委員長のみを構成メンバーとする非公式の政策協議の場があり，それは主に早朝に開催される．そこに連邦省庁の関係者は招かれない」

という述懐（ブッシュ（父）政権期にCEQ委員長を務めた Michael Deland による）の意味するところがよくわかります．すなわち，Jackson Place（CEQの住所）には，個別の公共性（省益）の代弁者（連邦省庁の関係者）は出席できない，その住人だけによる，（おそらくは）省益横断的な政策形成の場が存在しているのです．

4　リーダーシップの発揮と紛争マネジメント

　CEQ は，環境の保護（environmental protection）という個別の公共性（省益）の増進をめざして，規制基準を設定したり，その取締活動に従事したりする組織ではありません．そうした役割を担うのは，省庁レベルに設置された EPA（環境保護庁）です．トップレベルのスタッフ組織としての CEQ の主な役割は，（1）省庁横断型のリーダーシップの発揮と（2）省庁間紛争マネジメントであり，「ホワイトハウスの一部であること」や「ホワイトハウスとの近さ」はこれらの役割を果たすにあたって，最大限活かされてきました．
　CEQ は，この40年間で多くの成果を上げてきましたが，ここでは，生物多様性の確保に関連するもので，かつ，とくに筆者が知りえたものだけをとり上げて，紹介することにします．

（1）　省庁横断型のリーダーシップの発揮
　生物多様性の確保に関しても，たとえば，次のような形で CEQ のリーダーシップが発揮されました．

①　環境アセスメント手続における生物多様性への影響の評価
　生物多様性の確保にあたって，環境アセスメントが果たす役割は重要です．なぜなら，環境アセスメントは，「すべての行政分野に生物学的・生態的知見

を導入し，それを行政的意思決定に反映させることを求め，かつ環境情報を公開する」ための仕組みとなるからです（畠山 2009, 6）．しかし，生物多様性という概念が台頭し始めた1980年代の後半のアメリカで，アセスメントを実施する省庁の対応はバラバラでした．

そこでCEQは，1991年12月から1992年5月にかけて，5つの地域（コロラド州，ジョージア州，マサチューセッツ州，イリノイ州，アラスカ州）で，毎回3日間にわたるシンポジウムを開催しました．シンポジウムには，生態学者，NGOの専門家，環境法学者，CEQのスタッフ等が招かれ，各地域の連邦政府・地方政府職員が多数参加し，活発な質疑応答がなされたといいます．そして，1993年1月，CEQはこれらのシンポジウムでの議論を整理し，新たな情報をくわえ，「NEPAにもとづく環境アセスメントへ生物多様性を評価対象としてとり入れる」というガイダンスを公表しました．

これは，生物多様性の確保の観点から環境アセスメントのあり方を論じた（おそらく）世界で初めての公式な政策文書であったと考えられます．このガイダンスの公表が契機となり，その後のアメリカでは，EPAの一部局である連邦活動部（OFA: Office of Federal Activities）がさらに詳細な運用ガイダンスを作成し，その中に，保全生態学等の最新の知見をとり込むようになりました．これらのガイドラインの中身やそれが実際にどのように利用されているかについては，日本でほとんど紹介されていないのですが，CEQのリーダーシップの発揮が，環境アセスメント手続における生物多様性の扱いを本格的に検討する契機となったものといえるでしょう[4]．

② **生態系管理のための省庁間委員会**[5]

生物多様性の確保のための具体的な資源管理アプローチとして，1980年代後半から1990年代初頭のアメリカでは，生態系管理（エコシステム・マネジメント）への関心が高まっていました．それは，一般的には，①生物多様性の保護，②広域的，長期的視野に立った検討，③生態的，経済的，社会的側面の総合的な判断，④目標・管理方法等についての共同決定・協定締結，⑤多様な当事者の参加・協働，⑥学際的研究，とくに自然科学的知見の反映などを一体化した，自然資源管理のアプローチであるといわれます．

第3章　ロジックは世界をどう変えるか

　環境アセスメント手続における生物多様性の扱いと同じように，生態系管理を意思決定の指針として採用するかどうかについての省庁の対応はバラバラでした．そこで，当時のクリントン政権は，1993年8月，「生態系管理のための省庁間委員会」を組織しました．これは，16の省庁の次官級職員を構成メンバーとし，CEQ が委員長および事務局を務める省庁間委員会です．CEQ のリーダーシップの下で，この委員会は，6つの論点（予算プロセス，政策，制度，住民参加，科学・情報，法的権限）を設定し，生態系管理の有効性に関する検討を進める一方，実践的な知見の獲得をめざして，7つの地域（ルイジアナ沿岸部やフロリダ南部等）でのパイロット事業を始めました．その成果をまとめたのが1995年から1996年にかけて刊行された『生態系アプローチ：健全な生態系と持続可能な経済』です．この報告書は，連邦政府全体が一致して，生態系管理の下での施策発展に取り組むための「青写真（a blue print）」となりました．そして1990年代後半までに，生態系管理は，アメリカの連邦政府全体へ浸透し，地域レベルでの実践が進んだのです．

③　国家遺産としての河川に関するイニシアティブ（ARHI）[6]

　生物多様性の確保には，さまざまな「つながり」の確保が重要となります．自然生態系のみならず，地域の人々の「つながり」の確保をめざして，CEQ が構想・提案し，クリントン政権が打ち出したのが，「国家遺産としての河川に関するイニシアティブ（ARHI：American Rivers Heritage Initiative）」でした．

　1996年，CEQ を座長とし，13の連邦機関からなる省庁間委員会が組織されました．この委員会を中心として，政策立案に関する各種の作業が進められ，1997年9月11日，大統領令13061号（Executive Order No. 13061）「国家遺産としての河川（AHR: American Heritage River）に関するコミュニティの取組への連邦の支援」（全7条）が発令されたのです．

　ARHI の目的は，環境の保全，経済の再活性，および歴史・文化の保存です（大統領令1条（a））．大統領令には，この目的を達成するための基本政策が並べられ（1条（b）），それらのねらいは，連邦政府から各コミュニティに対して，"直接"かつ"まとまりのある支援"を提供するところにあります．

第3節　生物多様性の確保と「司令塔」

　具体的には，次のような仕組みが設けられました．まず，特定の河川を介して何らかの関係を有する地域（以下，河川コミュニティという）が集い，何らかの取り決めにもとづいて，その河川を軸とする行動計画を作成します．これが，他の河川コミュニティで策定された計画よりも優れていると判断される場合，その河川はAHRに指定されます（2条）．指定を受けたAHRのコミュニティは，行動計画の実施に際して，連邦省庁から"直接"かつ"まとまりのある支援"（例：助成金，事務所スペースの無償貸与，データベースの利用機会，専門知識獲得のための訓練機会）を受けられるのです（1条・4条）．

　そうした支援には，連邦機関から河川コミュニティへの「人的資源」の提供が含まれていました．すなわち，河川コミュニティは，人件費の負担なしに，特定の連邦機関の職員をリバー・ナビゲーター（River Navigator）として，迎え入れることができるのです（4条(g)）．リバー・ナビゲーターは，コミュニティの計画の実施を支援するために，地域と連邦省庁との橋渡し役として機能します．その活動上，リバー・ナビゲーターは，自らが所属する省庁の長はもちろん，ARHIの執行監視機関として設けられた省庁間委員会に対しても，直接にアクセスすることが可能です．

　ARHIは幅広い支持を獲得し，1997年末の選定手続の締切りまでに，結局，全国から126件の応募が寄せられました．これは予想を大幅に上回る応募件数であったため，クリントン政権は急遽AHRの指定枠を拡大し，1998年7月27日，合計14の河川をAHRとして指定しました．その後，ブッシュ（息子）政権によって予算の打ち切りがなされるまでの間，それらのAHRに隣接するコミュニティでは，それぞれが特色のあるリバー・ナビゲーターを選任し，その助言の下，連邦機関から多くの資源の提供を受け，多彩な地域活動が展開されたのです．

　ARHIの生みの親はCEQでした．前述のRay Clark氏によれば，ホワイトハウスという位置から省庁レベルの状況を見渡した際に浮かび上がってきたのは，ある種のギャップであったといいます．すなわち，各省庁が提供する生態系管理関連のプログラムは多彩であったが，それらは同時にバラバラであり，コミュニティが"直接"かつ"まとまりある支援"を受けられるような状況ではなかったというのです．そこで，そうしたバラバラの連邦のプログラムを調

127

整するという目的の下に，CEQのスタッフが，リバー・ナビゲーターという仕組みを考案し，そのアイデアを，クリントン大統領とゴア副大統領へ提案しました．これを契機として，クリントンとゴア，それにCEQの委員長やシニア・スタッフ等による話し合いの場が幾度か設けられ，ARHIの原型が形づくられていったといいます．

CEQの気づき（例：生物多様性の台頭）や問題認識（例：省庁ごとのバラバラな施策展開）は，トップレベルから全体を見渡したときに生まれてくるものです．こうした全体的な問題把握を行い，その上で，CEQは，生物多様性の確保に関する省庁横断型のリーダーシップを発揮してきたのです．

（2）省庁間紛争マネジメント[7]

CEQのもう一つの主要な機能が，個別の公共性（省益）に囚われた省庁間の争いをマネジメントすることです．アメリカでは，環境アセスメントを通じて明らかになった生物多様性・生態系への悪影響をめぐる省庁間紛争をCEQへ持ち込むための道筋が，法律で定められており（大気清浄法309条およびNEPA施行規則1504条），いくつかのケースについては紛争マネジメントの経緯や結果を知ることができます．

たとえば，最近のケースとして，ノースカロライナ州のオレゴン海峡突堤建設計画をめぐるものがあります．この事業計画は，「全米で最も環境上の脅威となる，無駄な事業」の一つとして，環境保護団体等からの批判にさらされていました．事業をめぐっては，陸軍工兵隊が船舶の航行安全確保を理由として推進を唱える一方，内務省とNOAA（全国海洋大気庁）がそれぞれ国立海岸への悪影響と回遊魚（とその生息地）への悪影響を懸念して異議を表明し，紛争はCEQへと持ち込まれました．CEQによる調整活動の結果，2003年5月1日，オレゴン海峡ケースの当事者である省庁間の合意事項として，事業計画の中止が発表されました．推定初期投資1億800万ドル（約130億円）（加えて，浚渫に1年あたり610万ドル（約7.3億円）が必要）の巨大公共事業が頓挫するに至ったのです．

なお，CEQによる紛争マネジメントは，非公式の場面で行われることが通

常であり，前述のケースのように，紛争が政治の表舞台へ出てくることは多くありません．

5 生物多様性の確保と行政組織のあり方

　生物多様性関連のパワー（権限）は，数多くの法律にバラバラに書き込まれています．このため，施策間相互の「つながり」は希薄となり，それぞれが最適なものであるように見えても，全体からみれば問題の解決に近づいていない，という状況がしばしば見受けられます（いわゆる「合成の誤謬」の状態です）．たとえば，農林業政策と自然公園制度（例：国立公園）の関係は希薄なままですが，その一方で，中山間地域の衰退は急速に進んでいます．
　もちろん，行政のパワーがバラバラであるのは，悪いことではありません．むしろ，パワーの集中を防ぐという意味では，民主主義に不可欠とさえいえるものです．民主主義の歴史は，少数者（例：絶対君主）の手にあったパワーを分散させて（＝バラバラにして），市民の自由や権利を保護することでした．現代社会における，全体としての行政のパワーは巨大であり，それを特定の省庁にまとめて手渡すならば，濫用がなされた場合の歯止めが利かなくなってしまうでしょう．
　こうした縦割り行政のジレンマへの対処法の一つが，省庁レベルよりも上位の政治レベルで状況を俯瞰し，横断的に考え，決定するための「環境の司令塔」の整備です．CEQは，特定の省益（個別の公共性）に過度の肩入れをするのではなく，それらを横断的に見渡し，進むべき方向性の提示や省庁間紛争のマネジメントを行ってきました．
　これに対して，*Episode 2* からも明らかなように，日本の政府のトップレベルにおける「環境の司令塔」の整備は進んでいません．内閣法や内閣府設置法の中に，省益（個別の公共性）を越えた環境政策を打ち出すための仕組みが見当たらないのです．「総合調整」という手段があるのですが，これについては，使用実態・効用ともに不明です．アジアの環境立国を標榜する国（日本）の環境政策立案は，いまだに省庁レベルのマターであるといえるでしょう．環境省によって政策形成がなされることが常に合理的であるとは限りません．「環境

省にとっての環境政策」もまた個別の公共性（環境省の省益）の一つにすぎないからです．

生物多様性の確保を進める上で最も大事なことの一つは，個別の公共性（省益）を越えた「つながり」の観点から，政策立案を進めることです．基本法ができ，国家戦略の策定がルーチンになってきた今こそ，「生物多様性の側」から行政組織のあり方を見直す絶好の時期なのかもしれません[8]．

注

[1] 本節の記述は主に，及川（2003, 2005, 2006, 2007a, 2007b, 2010a, 2010b, 2010c）にもとづいています．また，本節で掲載した図表もすべてそれらの文献から引用したものです．

[2] これらの件数について，及川（2007b）234参照．

[3] 原初的な中身の法案が1959年に上程されてから10年にわたる立法過程を紐解いてみると，NEPAの立法者の関心は，個別の公共性（省益）を越えて，いかなる形で「環境の司令塔」を整備するか，という一点に向けられていたことがわかります．これに対して，環境アセスメント要件は，NEPAが成立する半年ほど前に突如として登場し，十分な議論も尽くされないままに条文中へとり入れられたのでした．NEPAの立法過程については，及川（2003）1章参照．

[4] OFAは，NEPAにもとづいて作成された環境影響評価書（草案を含む）のランク付けを行うとともに，連邦省庁に対して評価書の内容の改善を要請するという機能を有しています．この機能については，及川（2006, 2007a）参照．

[5] この省庁間委員会については，及川（2005）参照．アメリカにおける生態系管理の展開とその背景事情等については，柿澤（2000）および畠山・柿澤編著（2006）で詳しい考察が施されています．

[6] このイニシアティブについては，及川（2005）参照．

[7] オレゴン海峡突堤建設計画をめぐる省庁間紛争とそのマネジメントについては，及川（2007a）参照．

[8] 本節で指摘した，トップレベルにおける「環境の司令塔」の整備という課題の重要性は交告（2012, 695）等でも指摘されるところとなりました．なお，個別の公共性（省益）の横断的管理のあり方については，山村（2006）で包括的かつ詳細な考察が施されています．

引用文献

及川敬貴（2003）『アメリカ環境政策の形成過程―大統領環境諮問委員会の機能―』北海道大学図書刊行会．

――――（2005）「アメリカ合衆国におけるトップ・レベルの環境行政―協働に基づく地域生態系保全を促進するための調整活動―」『鳥取環境大学紀要』3：39-57．

――――（2006）「環境アセスメントの実効性確保―アメリカ合衆国の「環境審査」に関す

る基礎的考察─」『鳥取環境大学紀要』5：27-39.
─── (2007a)「環境「紛争マネジメント」の法システム─オレゴン海峡突堤建設計画をめぐる省庁間紛争とその調整過程─」『アメリカ研究』41：37-57.
─── (2007b)「アメリカの環境問題と法体系」黒川哲志・奥田進一編著『環境法へのアプローチ』233-240，成文堂.
─── (2010a)「環境の司令塔の理念と組織 (1)─個別の公共性を越えて」『環境と正義』127：2-3.
─── (2010b)「環境の司令塔の理念と組織 (2)─国家環境政策法というロジック」『環境と正義』128：13-15.
─── (2010c)「環境の司令塔の理念と組織 (3)─司令塔の組織的特徴」『環境と正義』129：10-11.
柿澤宏昭 (2000)『エコシステムマネジメント』築地書館.
交告尚史「生物多様性管理関連法の課題と展望」新美育文・松村弓彦・大塚直編著『環境法大系』671-695，商事法務.
畠山武道 (2009)「生物多様性保護と法理論─課題と展望─」環境法政策学会編『生物多様性の保護─環境法と生物多様性の回廊を探る─』1-18，商事法務.
畠山武道・柿澤宏昭編著 (2006)『生物多様性保全と環境政策─先進国の政策と事例に学ぶ─』北海道大学出版会.
山村恒年 (2006)『行政法と合理的行政過程論─行政裁量論の代替規範論』慈学社.

第4章
なぜ戦略をつくるのか

第 1 節　日本の生物多様性戦略

Episode
　生物多様性の確保のための戦略を策定しているのは，国だけではない．イギリス，オーストラリア，ニュージーランド，メキシコ等では，すでに多くの自治体が独自の<u>生物多様性戦略</u>を策定している．日本でも，2008年に千葉県が初めての本格的な戦略を策定した．

Question
1. 生物多様性戦略とはだれが策定するものなのでしょうか．国や自治体の他にも策定主体はあるのでしょうか．
2. 日本では地域戦略はどの程度つくられているのでしょうか．また，国家戦略と地域戦略とはいかなる関係にあるのでしょうか．

―― 本節の見取り図 ――
　生物多様性プラットフォーム（図1.2.1）の上で，多くの戦術（例：法的な措置）が発展してきました．さまざまな戦術を使いこなすためのカギとなるのが戦略です．こうした戦略としては，生物多様性国家戦略が知られていますが，それが一定程度の定着をみた現在，地域でいかなる中身の戦略を策定し，効果的に実施していくかが益々重要となっています．

1　生物多様性戦略について

　ある国のサッカーの代表チームが「戦術あって戦略なし」と揶揄されているのを見かけたことがあります．生物多様性条約の採択以降，日本でも，さまざまな"戦術"（例：法的な措置）が発展してきたことは，すでに説明したとおり

ですが，それだけでは生物多様性を確保することはできません．なぜなら，戦術そのものは，われわれが進むべき方向を示してはくれないし，どの戦術（または複数の戦術の組み合わせ）をいかなる状況で使うのかを考えておかなければ，具体の判断ができないからです．そこで，"戦略"なるものが必要となります．

これまでの日本における代表的な戦略は「生物多様性国家戦略」でした．その役割としては，①バラバラな施策のアンブレラ（バラバラに進められがちな国の施策全体を見渡し，進むべき方向性を示すポイントとなりうる），②予算措置を講じたり，新たな施策を展開したりするための根拠，③個別法が整備されていない領域の特定，などを挙げることができます（本書2章1節）．

他方，今後の展開が注目されているのは，法律にもとづいて自治体が策定する「生物多様性地域戦略」です．後述するように，2008年に千葉県が策定した戦略が先駆となって，これまでに，埼玉県，愛知県，長崎県，兵庫県，名古屋市（愛知県），流山市（千葉県），高山市（岐阜県）等で戦略が策定されました．また，名古屋市でのCOP10開催以降，さらに多くの自治体が策定手続に入っています．国による「地域戦略策定のための手引き」（環境省 2009）もこうした動きを加速させたといえるでしょう．

(1) 戦略の策定根拠

日本の国家・地域戦略は，生物多様性基本法（2008年）の制定により，法律にもとづく法定戦略となりました（海外の地域戦略は，法律にもとづかない自主的な戦略である場合がほとんどです．日本の地域戦略以外で，筆者が現在までに把握している唯一の法定地域戦略は，ニューサウスウェールズ州（オーストラリア）のものであり，その策定根拠は州法に定められています[1]）．生物多様性基本法によれば，生物多様性国家戦略は，生物の多様性の保全及び持続可能な利用に関する

> 施策の総合的かつ計画的な推進を図るために

政府によって定められる基本的な計画であり，そこには，目的の達成に必要な各種事項（基本方針，目標，総合的・計画的施策）が書き込まれるものとされて

います（同法11条）．この国家戦略を基本として，自治体（都道府県及び市町村）が定める基本的な計画が生物多様性地域戦略であり，そこには地域ごとの目標や総合的・計画的施策が書き込まれることとなります（同法13条）．

これだけを読んでもイメージがわきにくいと思われるので，次のように言いかえてみました．生物多様性の確保に関する戦術（施策）といってもさまざまなものがあります．それらをすべて同時に使うことも理論的には可能ですが，利用できる予算や時間が限られているので，そうするわけにはいきません．優先順位（基本方針や目標）を明らかにして，いかなる戦術をどのような順番・組み合わせで進めていくか（総合的・計画的推進）を大まかな形（基本的な計画）で決めておく必要があるのです．

（2） 行政計画としての国家・地域戦略

こうした働きをするものを，一般に行政計画といいます．生物多様性国家戦略も地域戦略も一種の行政計画であり，実際，法律でも，これらの戦略を「基本的な計画」と表現しています．行政計画とは，

> 行政上に用いられる計画であり，行政機関が，行政上の目標を設定し，その目標を達成するための手段を総合することによって示された行政活動基準

と説明されます（西谷 2003, 5）．

行政計画は，ルール（規範）の一種ですが，行政内部の活動ルールにすぎません．ですから，多くの場合，その外部の企業や一般市民に対する規制的な効力（例：特定行為の禁止）や給付的な効力（例：特定の主体への補助金提供）を定めてはいないのです．実際，これまでに策定された国家戦略や地域戦略にも，そうした効力を定めた部分は見当たりません．それゆえ，仮に戦略に明示された目標が達成できなかったとしても，「それまでといえばそれまで」というわけです．ただし，国や自治体には，なぜ達成できなかったのかを説明する責任（いわゆるアカウンタビリティ）は発生するでしょう．その説明にあたっての検証作業とその結果は，戦略の見直しへとつながっていきます．

（3） その他の生物多様性戦略

　生物多様性の確保に関する戦略が，行政計画的なものしか存在しないのかといえば，そうではありません．行政以外の主体，たとえば，企業やNPO，それにいくつかの異なる主体の連合体によって定められた，生物多様性のための戦略が多数存在しています．

　企業が独自の生物多様性戦略を策定するケースも増えてきました．形態は多様ですが，ユニークなものとして，企業と地域社会が協働して，戦略を策定・実施している場合が見受けられます．たとえば，世界最大級の鉱山開発会社である Newmont 社は，2004年に，オーストラリア北部準州のタナミ砂漠地域を対象とする生物多様性戦略（The Tanami Biodiversity Strategy）を，その地域の先住民族団体と協働して策定しました[2]．

　国家戦略とは別に，国の一機関が独自の生物多様性戦略を策定する場合もあります．日本の農林水産省が策定した『農林水産省生物多様性戦略』（平成19年7月）はそのような例です（農林水産省 2008）．他国で類似の事例が存在するのかどうかは不明です．

　いくつかの国家が共同で生物多様性戦略を策定するケースもあります．これは，条約上の策定義務ではありません．2つ例を挙げておきましょう．一つは，熱帯アンデス諸国地域戦略（Regional Biodiversity Strategy for the Tropical Andean Countries）です．この戦略は，南米5カ国が共同で2002年に策定しました．戦略目標には，「生物多様性の正確な経済的評価にもとづく衡平な利益配分」や「熱帯アンデス諸国地域の国際交渉力の向上」などが掲げられています．もう一つは，南部アフリカ諸国地域戦略（The Southern African Development Community's Regional Biodiversity Strategy）です．この戦略は，南部アフリカ10カ国が共同で2005年に策定しました．ここでも「国際的なフォーラム（COP等）において南部アフリカ諸国の立場を統一しうるようにしておく」といった戦略目標が特定されています．

　企業と地域社会や複数国家による共同戦略については，共通の課題・利益をいかに発見するかが成功のカギを握っているといえるでしょう．

　以下，本節では，日本の生物多様性地域戦略を中心とした考察を進めていき

ます．地域戦略が，国会での議決を経て成立した法律にもとづいて作られるルール（規範）であること，ならびに，国家戦略が一定程度の定着をみた現在，地域でいかなる中身の戦略を策定し，効果的に実施していくかが益々重要となっていくであろうこと，が考察のフォーカスを絞った理由です．

2　地域戦略の策定状況

　日本の地域レベルで最初の生物多様性戦略は，千葉県の『生物多様性ちば県戦略』（以下，千葉県戦略という）であるといわれます（千葉県 2008）．しかし，生物多様性戦略という名を冠しているわけではないものの，類似の行政計画はそれ以前から数多く策定されていました[3]．

（1）　初期の取組

　2000年に策定された「秋田県生物多様性保全構想」（以下，秋田県構想という）はその一例です．秋田県構想は，

> 県内において，「生物多様性の確保」を図るための基本的，総合的，具体的な施策の方向，対応方針，配慮事項等

をとりまとめたものであり（秋田県 2000, はじめに），これは「生物多様性戦略」の前身ともいえるでしょう．実際，秋田県構想では，第二次国家戦略（2002年策定）に先立ち，二次的自然の保全や「生物回廊」等への言及が手厚く施されています（秋田県 2000, 2章5節および3章）．

　ただし，「保全構想」という名称からもうかがわれるように，この構想では，持続可能な利用や生態系サービス（本書1章1節を参照してください）への言及は見当たりません．その意味では，千葉県戦略が，日本における本格的な生物多様性戦略の嚆矢であったといえそうです．

（2）　千葉県戦略[4]

　千葉県戦略は，政策案が白紙の段階から県民が参画する，つまり，「課題の

発見からその解決策の選択に至るまでの全過程に県民自らが携わる」という政策立案手法に則って，2006年から策定が始まりました．この政策立案手法は，2001年の堂本暁子知事の就任以来，中小企業振興から教育に至るまで，各分野で採用されてきたものであったといいます．

具体的には，学識経験者等をメンバーとする専門委員会を組織し，公開での検討を進める一方，それと並行して，数多くのタウンミーティングが行われました．タウンミーティングは，2006年10月から12月までの3ヶ月間で20回開催され，毎回多くの県民の参加があったといいます．さらに，そこでの県民の発言には，堂本知事の予想を超える「レベルの高い」ものが少なくなかったとのことです．

そして，これらのタウンミーティングで特定された課題を掘り下げて検討するための「ちば生物多様性県民会議実行委員会」が組織され，県民会議（2007年5～9月の間に4回）と，「里山里海と生物多様性」「まちづくりと生物多様性」「歴史・文化と生物多様性」といったテーマ別の戦略グループ会議（同じ期間に36回）が開催されました．これらの会議での検討を通じて出来上がったのが，『生命（いのち）のにぎわいとつながりを未来へ』と題する提言書です．この提言書は，専門委員会（さまざまな領域の専門家8名から構成される）会の提言書とともに，2007年10月，知事へ提出されました．

策定された戦略には，地球温暖化問題も射程に入れながら，県内における生物多様性の現況や課題が特定され，それらをもとに定性的な目標を設定し，その達成のための数々の施策が盛り込まれました．たとえば，千葉県の北部には，印旛沼，手賀沼などの湖沼があり，二次的自然として活用されてきた経緯がありますが，この戦略では，里山・里海に加えて，「里沼」という生態系を特定し，関連する施策を盛りこんでいます（千葉県 2008, 70以下）．また，既存の施策と戦略策定を経て新たに立案された施策を容易に峻別できるように，後者の施策については「新規の」という一言が添えられました．さらに，目標や施策の評価と新たな技術的・政策的提言のための体制づくり（千葉県生物多様性センターの設置）にも言及がなされています（千葉県 2008, 119-120）．

数値目標やその達成期限についての記述には乏しいものの，本格的な住民参加を踏まえた策定過程，地球温暖化問題と生物多様性の「つながり」への目配

り，それに国家戦略では踏み込めていない「体制づくり」への言及等，千葉県戦略には現在でも（少なくとも日本において）注目すべき側面が少なくありません．

（3）千葉県戦略後の戦略策定状況

千葉県戦略とほぼ同時期の2008年3月に，埼玉県（『生物多様性保全県戦略』）で地域戦略が策定されました．その後，2009年3月に愛知県（『あいち自然環境保全戦略─生物多様性の保全と持続可能な利用を目指して─』），長崎県（『長崎県生物の多様性の保全に関する基本的な計画（長崎県生物多様性保全戦略）』），兵庫県（『生物多様性ひょうご戦略』），2010年3月に名古屋市（『生物多様性2050なごや戦略』），流山市（千葉県）（『生物多様性ながれやま戦略─オオタカがすむ森のまちを子どもたちの未来へ─』），そして，同年4月には高山市（岐阜県）（『生物多様性ひだたかやま戦略（基本構想編）』）で地域戦略が策定されています．

こうした動きを後押ししたのが，法律による地域戦略の努力義務化（生物多様性基本法13条1項）（2008年）と国による『生物多様性地域戦略策定の手引き』の公表（環境省 2009）でした．地域戦略策定の動きは，さらに多くの自治体へ広がっています．自治体の戦略策定状況については，生物多様性アジア戦略のホームページで，随時，情報をアップデートしています[5]．

3　生物多様性基本法の規定

日本の地域戦略は「生物多様性地域戦略」として，生物多様性基本法（2008年制定）にもとづく一つの制度となりました．地域戦略について，この法律は，

> "都道府県及び市町村は，(1)生物多様性国家戦略を基本として，(2)単独で又は共同して，当該都道府県及び市町村の区域内における(3)生物の多様性の保全及び持続可能な利用に関する基本的な計画（以下「生物多様性地域戦略」という．）を(4)定めるよう努めなければならない"（下線・数字は筆者による）

と定めています（13条1項）．そして，この地域戦略に書き込まれるべき事項

として，対象区域，目標，施策，その他の必要な事項を挙げます（同条2項）．

　これらの規定について，次のような問い（ないしは疑問）を挙げてみました．

下線(1)：「国家戦略を基本として」とはいかなる意味なのか．また，地域戦略が国家戦略を「基本として」策定されなければならないのはなぜなのか．全国的にある程度の統一性を確保したい国と，それぞれの特色・個性を打ち出したい地域との関係は，生物多様性戦略策定の文脈で，どのように考えられるべきなのか．

下線(2)：なぜ「共同して」定める場合を想定したのだろうか．たとえば，福島県と長崎県が「共同して」地域戦略を定められるのだろうか．また，県と市町村が「共同して」地域戦略を定めることもありうるのだろうか．

下線(3)：これはもっともであるように見えるが，たとえば，そこでABS（遺伝資源から得られる利益の衡平な配分）（本書3章2節を参照してください）についても定めることは可能なのか．

下線(4)：この書きぶりは，地域戦略の策定を義務としたものなのか．それともそうではないのか．そうではないとすれば，地域では「戦略をつくらない」という選択もできるということなのか．

　以下，これらの問い（ないしは疑問）について検討してみましょう．

4　国家戦略と地域戦略の関係

　生物多様性基本法の「国家戦略を基本として」（13条1項）という言葉の意味は明確とは言えませんが，それ以外に2つの戦略の関係を示す手がかりは，条文中には見当たりません．国は2009年に『生物多様性地域戦略策定の手引き』を公表しましたが，そこでも，地域・国家戦略間の関係については，国から地方へ「技術的な助言」が提供されると述べられただけでした（環境省

2009).「国家戦略を基本として」という言葉の不明瞭さについては，可能性と課題の両方を指摘することができます．

（１）　住民参加をいかに確保するか

　生物多様性基本法では，地域戦略の策定にあたって，住民参加の確保を求めていません．国家戦略については，その案を作成する際に，適切な方法によって，「国民の意見を反映させるために必要な措置を講ずる」とする（11条4項）一方で，地域戦略については，これに相当する規定がおかれていないのです．もっとも，内容のみならず，策定過程をも「基本として」というのであれば，地域戦略案を作成する際に「住民の意見の反映」が要請されるのかもしれませんが，この点については明らかではありません．いずれにしても，地域の生物多様性の確保のための戦略が住民の意思を十分に反映されずに作られるならば，そうした戦略に実効性は期待できないでしょう．「千葉方式」が現在でも参照されるべき所以です．

（２）　戦略デザインの自由度

　その一方で，戦略間関係の不明瞭さは，地域の独自性を強調したユニークな中身の戦略の策定につながるかもしれません．いくつかの国の戦略間関係について筆者が行った調査の結果を示しておきます．他国の状況に比べて，日本の地域戦略のデザイン面での自由度の高さがうかがわれます．

　① イギリス

　イギリスは，1994年に生物多様性国家戦略（UK Biodiversity Action Plan）を策定し，優先的に保全されるべきである種（現在1150）と生息地のタイプ（現在65）を特定しました．そして，この優先順位にもとづいて，116の優先保全種についての行動計画（SAP: Species Action Plan）と14の優先保全生息地についての行動計画（HAP: Habitat Action Plan）を策定し，現在，SAPの数は391，HAPは45まで増加しています．

　イギリスの国家戦略では，それと地域戦略との関係を直接的に説明した記述は見当たりません．しかし，イギリス政府のホームページでは，

地域戦略は，国家戦略で示された優先保全種・生息地を保全するための行動を記すものであり，それに加えて，地域ごとの重要性や関心の高さという観点からの保全計画を書きこめる

との説明がなされています[6]．

② オーストラリア
オーストラリアは，1996年に国家戦略（National Strategy for the Conservation of Australia's Biological Diversity）を策定し，その中で国家戦略と地方戦略の関係を明らかにしました[7]．

　　7.3　補完的戦略および立法
　　　　目標：国家戦略が州戦略……により補完されることを確保する．
　　　　行動 7.3.1：州政府は補完的な生物多様性戦略を策定するものとする．
　　　　行動 7.3.2：地方政府は，州政府の援助を受けて，……生物多様性管理計画を策定するために相互に協力することを奨励される．［下線は筆者による］

このように，オーストラリアにおいて，地域戦略は国家戦略（および州戦略）を「補完する」存在として位置付けられています．そのせいなのかわかりませんが，オーストラリアの国家戦略は，イギリスや後述するニュージーランドの国家戦略と比べて，数値目標，目標達成期限，実施責任担当者などに関する記述が乏しく，より具体的な記述は州戦略の中に見られます．
　これらの州戦略はさらに，その他の地方政府が策定する戦略（生物多様性管理計画）により補完されます．州の中には，地域戦略策定のための手引きを用意するところもあります．たとえば，ニューサウスウェールズ州の手引きは全206頁あり，日本の政府が2009年に公表した手引き（環境省 2009）と比べて，地域戦略に含まれるべき事項をきわめて細かく規定しています[8]．たとえば，同州の手引きでは，そうした事項として，

第4章 なぜ戦略をつくるのか
・地域独自の生物多様性保全政策
・私有地上の生物多様性保全のためのインセンティブ提供戦略
・公有地上の生物多様性管理計画
・地方独自の生物多様性保全ゾーニング制度

を挙げています.

③ ニュージーランド

ニュージーランドは, 2000年に国家戦略 (The New Zealand Biodiversity Strategy) を策定しました[9]. この戦略では, 147の行動計画が特定され, それぞれの計画の実施担当責任者を明記するとともに, それらの行動計画のすべてが遅くとも2020年までに実施されるものとされました. なお, 147のうちの43は優先行動計画とされ, 2005年までの実施が求められています.

ニュージーランドの国家戦略でも, それと地域戦略との関係を直接的に説明した記述は見当たりません. しかし, 2007年, 中央政府が手引きを公表し, その中で,「全国的な観点から優先的に保全されるべき生態系のタイプ」を明らかにしました (Ministry for the Environment & Department of Conservation, 2007). この手引きの内容を地域戦略に反映してもらいたいという要請が自治体へ発せられており, これに自治体がいかに応えるのかが注目されています. なお, ニュージーランドの生物多様性戦略については, 次節であらためて詳細な説明を行います.

大まかに整理するならば, イギリス, オーストラリア, ニュージーランドの順に, 地域戦略のデザインの自由度が高まっているように見えます. すなわち, イギリスの地域戦略は国の戦略の中身を実施する手段として認識されており, オーストラリアの地域戦略は国の戦略を補完する存在にすぎません. これに対して, ニュージーランドでは, 中央政府が手引きを公表しているものの, その中身をどの程度とり入れるかは地域次第であり, 中央の地方への関与は比較的ソフトであるといえるでしょう.

日本については, 地域戦略は「国家戦略を基本として」策定されると書かれ

るのみであり，中央政府の手引きも「技術的な助言」の提供にとどまる模様です．このため，手引きの中身がニュージーランド的なものに近づく場合はさておき，日本の地域戦略は国の戦略を単に補完するだけの存在ではありません．むしろ，場合によっては，国家戦略に書かれている以上の中身を地域住民主導でデザインするための道具となりうるものと考えられます．

5　共同地域戦略の意義

　日本の生物多様性基本法が，共同地域戦略について定めたことは，比較法的な観点からは，画期的であるといえます．筆者はこれまでに海外の相当数の地域戦略を収集してきましたが，異なる自治体が「共同して」戦略の策定までこぎつけた例を知りません．策定途中のものが一つだけあり，西部オーストラリア州の3つの自治体（Town of Bassendean, City of Baywater, City of Belmont）が，2006年から検討作業を開始，2008年に案を作成，同年末からパブコメ（パブリックコメント）を実施，現在は各自治体での再検討を行っている最中です[10]．この案によれば，共同地域戦略の利点は，人為的に設定された行政管轄区域を越えて，広大なランドスケープの中の生態系の「つながり」を考慮できるところであるといいます．

　共同地域戦略の発想は，生物多様性という考え方の核心の一つである，生態系の「つながり」という観点と符合します．すなわち，共同地域戦略は，自治体の管轄区域によって分断された生態系の「つながり」を取り戻す契機となりえるのです．この意味で，わが国の生物多様性基本法に，そのための根拠規定があることは特筆すべきですし，海外へも積極的に発信すべき政策情報と言えるでしょう．もちろん，海外への情報発信と同時に，わたしたち日本国民自身が，この規定の意義を認識し，それを「使う」べきであることはいうまでもありません．

　このようなスタンスから実際になされた提言を紹介しておきましょう．環境NGOの一つであるWWF（世界自然保護基金）ジャパンは，2010年4月，「南西諸島における生物多様性地域戦略の策定に関する提言」と題する提言書を鹿児島県知事に提出しました．この中で，WWFジャパンは，奄美地域と沖縄地

域の生物地理学的な「つながり」の深さ等を理由として,鹿児島県と沖縄県の連携による「南西諸島生物多様性地域戦略」の策定を提言しています[11].

そして,2015年3月,わが国で初となる共同地域戦略が産声を上げました.「奄美大島生物多様性地域戦略」です.

6 地域戦略に書き込まれる事項・内容

*Episode*で示したように,イギリス,インド,オーストラリア,カナダ,ニュージーランド,南アフリカなどでは,多くの自治体が独自の戦略を策定しています.戦略策定数は,イギリスが群を抜いている状況にあり,220の地域戦略が実施段階にあります[12].また,包括的な調査を行ったわけではないのですが,オーストラリアやニュージーランドでも相当数の地域戦略が策定されています.これらの(イギリスを旧宗主国とする)コモンウェルス諸国を中心に,地域戦略の策定が進んでいますが,それ以外では,メキシコの州レベルで戦略の策定が進められています.

地域戦略の中身は,国家戦略と同じように,国や地域ごとに多様です.数値目標を詳細に書き込む戦略もあれば,定性的な叙述を中心とするものもあります.

① 定量的記述中心型

前者の典型例がイギリスです.その地域戦略は,優先度の高い種やその生息地や数値目標等からなる「ターゲット」と具体的な保全活動とその推進主体を記した「行動計画」から構成されています.たとえば,ロンドン市の戦略では,14の生息地と12の種に関する「行動計画」を作り,それらの生息地のうち,優先順位の高い7つについては(計量可能な)数値目標をともなった「ターゲット」を設定しました.沿岸湿地は,ターゲットが設定された生息地の一つであり,

> 2015年までに30ヘクタールを改善するとともに,10ヘクタールを新たに創出する

との記述がなされています．その他の生息地については，達成期限の記述等はあるものの，より定性的な内容のターゲットが設定されました．たとえば，2009年までにロンドン市内にある公園上の生物多様性に関する情報をとりまとめる，といった書きぶりです[13]．

② 定性的記述中心型

一方，定性的な叙述が中心であっても，ユニークかつ先進的な内容を備えた戦略は少なくありません．たとえば，ニュージーランドのフルヌイ（Hurunui）郡の戦略では，「移転可能な開発権について調査・研究を行う」，「生物多様性改善担当官（Biodiversity Enhancement Officer）の職をおく」，「敏感な自然環境保全地区（法定地域計画にもとづく保護地域）での固定資産税減免について調査・研究を行う」などの相当に具体的かつ先進的な中身が書き込まれています[14]．

日本の地域戦略は，上記の②のタイプが多いのですが，特徴的な中身の地域戦略も構想されつつあるように見えます．たとえば，名古屋市の地域戦略では，名古屋市民が消費する資源（例：食料，木材，天然繊維）を生産するためにどれだけ多くの面積の生態系が必要なのかを記述しました．そこでは，そうした資源を生産するには，名古屋市の面積の32倍もの森林・農地・牧草地と同じく48倍もの漁場が必要であると推計されています（名古屋市 2010, 63）．

今後，地域に眠っている資源を再発見できれば，特徴ある中身の戦略を構想できるでしょうし，生物多様性についての市民調査を進めることで，①のような定量的な目標を加えていくこともできるはずです．こうした「地域戦略策定の技法」については，最終節で扱う予定です（本書4章3節）．

なお，地域戦略は世界中で多数策定・実施されていると考えられますが，関連情報は，イギリスのBARS（Biodiversity Action Reporting System）[15]を除いて，十分には提供されていません．日本，オーストラリア，ニュージーランド等の地域戦略の策定状況については，生物多様性アジア戦略（Biodiversity Asian Strategy）で定期的に情報の更新を試みています[16]．

第4章　なぜ戦略をつくるのか

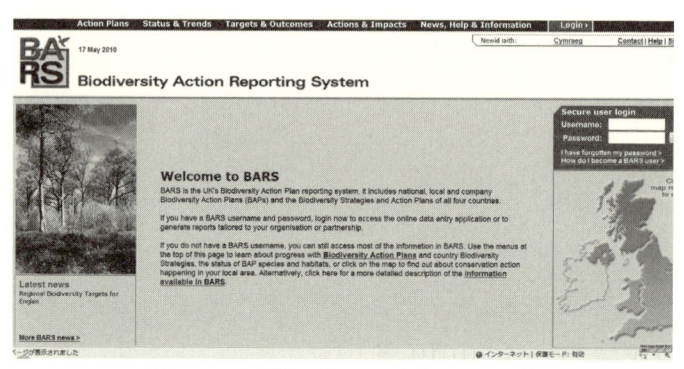

図4.1.1　イギリスのBARSのホームページ

図4.1.2　生物多様性アジア戦略のホームページ

7 なぜ地域戦略をつくるのか

　日本の法律では，地域戦略を定めるように「努めなければならない」と書くのみです．それを定める「ものとする」，または定め「なければならない」とは書かれていません．地域戦略は，法律上，どうしてもつくらねばならないものではないのです．

　それでは，なぜ地域戦略がつくられているのでしょうか．どこの自治体でも，すでに多くの行政計画が策定されています．環境○○計画や自然環境○○計画等々．また，生物多様性関連の施策についても同じです．○○保護地域の設定や○○の地域遺産への指定等々．「今さらなぜ○○が必要なのか」は，地域戦略に限らず，あらゆる法制度や措置に関して常に問いかけられなければなりません（いわゆる「事業仕分け」の背景事情にも，同じ問いが横たわっています）．

　この問いに正面から向き合わなければ，結局は「金太郎飴」的な（どこかで見たことがあるような）中身の戦略ばかりとなってしまうでしょう．繰り返しになりますが，多くの行政計画や施策が，生物多様性の確保のために存在し，その執行のために膨大な額の公金が投入されているなかで，「今さらなぜ地域戦略が必要なのか」が問われなければなりません．

　この問いは，すでに多くの地域戦略が策定・実施されている国でも同様に問われたことでしょう．そこで，筆者は地域戦略策定における先進国であるニュージーランドへ赴き，調査を行いました．次節では，その結果を報告します．

注
［1］　1995年絶滅の危機に瀕した種の保全法（Threatened Species Conservation Act 1995）140条にもとづきます．
［2］　この戦略について，Stoll, J., Barnes, R. and Fowler, B. (2005). The Tanami Biodiversity Strategy–Aboriginal and Industry Partnership in Biodiversity Conservation (http://www.minerals.org.au/__data/assets/pdf_file/0005/10130/Stoll_JulieAnn5C1.pdf) 参照（2010年5月15日アクセス）．
［3］　埼玉県の『彩の国豊かな自然環境づくり計画』（1999年），東京都の『緑の東京計画』（2000年），富山県の『富山県自然環境指針』（1993年．2004年に一部改正），岡山県の『岡山県自然保護基本計画』（1972年．1996年に一部改正，2001年に全部改正），香川県の『香

第4章 なぜ戦略をつくるのか

川県自然環境保全基本方針』(1975年．2003年に全部改正)，神戸市の『ビオトープネットワーク神戸21計画』(2001年)，北九州市の『北九州市自然環境保全基本計画』(2005年)など．
[4] 千葉県戦略の策定過程について，千葉県 (2008) 20-23の他に，岩槻・堂本 (2008) 48-63および中部弁護士連合会 (2009) 38 (本書178頁引用文献へ) も参照．
[5] 生物多様性アジア戦略のホームページ (http://www.bas.ynu.ac.jp/) を参照．
[6] イギリス生物多様性国家戦略のホームページ (http://www.ukbap-reporting.org.uk/plans/whatbap.asp) を参照 (2010年5月15日アクセス)．
[7] オーストラリアの生物多様性国家戦略の全文は，生物多様性アジア戦略のホームページ (http://www.bas.ynu.ac.jp/) に掲載されています．
[8] ニューサウスウェールズ州の手引きの全文は，生物多様性アジア戦略のホームページ (http://www.bas.ynu.ac.jp/) に掲載されています．
[9] ニュージーランドの生物多様性国家戦略の全文は，生物多様性アジア戦略のホームページ (http://www.bas.ynu.ac.jp/) に掲載されています．
[10] この案は，生物多様性アジア戦略のウェブサイト (http://www.bas.ynu.ac.jp/) に掲載されています．
[11] WWFジャパンのホームページ (http://www.wwf.or.jp/activities/2010/04/820923.html) を参照 (2010年6月15日アクセス)．
[12] イギリス生物多様性国家戦略のホームページ (http://www.ukbap-reporting.org.uk/) 参照 (2010年4月30日アクセス)．
[13] 同ホームページ参照．
[14] フルヌイ郡の地域戦略は，生物多様性アジア戦略のホームページ (http://www.bas.ynu.ac.jp/) に掲載されています．
[15] イギリス生物多様性国家戦略のホームページ (http://www.ukbap-reporting.org.uk/) 参照 (2010年4月30日アクセス)．
[16] 生物多様性アジア戦略のホームページ (http://www.bas.ynu.ac.jp/) 参照．

引用文献

秋田県 (2000)『秋田県生物多様性保全構想』．
岩槻邦男・堂本暁子編著 (2008)『温暖化と生物多様性』築地書館．
環境省 (2009)『生物多様性地域戦略策定の手引き』．
千葉県 (2008)『生物多様性ちば県戦略』．
名古屋市 (2010)『生物多様性2050なごや戦略』
西谷剛 (2003)『実定行政計画法』有斐閣．
農林水産省 (2008)『農林水産省生物多様性戦略』．
Ministry for the Environment & Department of Conservation (2007) *Protecting our Places: Information about the Statement of National Priorities for Protecting Rare and Threatened Biodiversity on Private Land*.
Stoll, J., Barnes, R. and Fowler, B. (2005) *The Tanami Biodiversity Strategy – Aboriginal and Industry Partnership in Biodiversity Conservation*.

第2節 ニュージーランドの地域戦略

Episode

ニュージーランドでも多くの自治体が，生物多様性地域戦略を作っているが，その策定は，法律によって義務付け・要請されているものではない．すべて地域の「自主的な取組」である．その一方で，2007年，同国の中央政府は「全国的な観点（a national perspective）」から優先的に保全されるべき生物多様性のタイプを提示し，これが地域戦略の中身に反映されることを奨励する「手引き」を策定した．

Question

1. ニュージーランドで多くの自治体が独自の戦略をつくっているのはなぜなのでしょうか．そこにはいかなる「地域の事情」があるのでしょうか．
2. 逆に，手引きを作成した「国の事情」とはどのようなものなのでしょうか．

本節の見取り図

なぜ（わざわざ）地域戦略をつくるのか．前節で発された，この問いについて考える手がかりを見つけるために，ニュージーランドを対象とした調査を行いました．その結果，ニュージーランドでは，自然環境保全のための行為の制限，いわゆる「規制」にともなう問題を克服するために，生物多様性という考え方に注目し，対立しがちであった地域の人々が対話を重ねるための具体的な手段として，地域戦略を活用している実態が浮かび上がってきました．

---

1 自然環境保全と規制的アプローチの限界

*Episode*で示された状況の背景事情と戦略活用の実態を探るために，筆者は，文献調査を進めるとともに，2010年3月，南島のカンタベリー県（クライスト

第4章　なぜ戦略をつくるのか

チャーチとその周辺を管轄区域とする広域自治体）とフルヌイ郡（カンタベリー県内の郡の一つ）を中心とした聞き取り調査を実施しました．その結果，地域戦略策定の背景には，自然環境の保全をめざした「規制的アプローチ」の限界があることがわかってきました．

（1）　地方分権型の環境管理の仕組み

　ニュージーランドにおける環境行政の多くは，1991年資源管理法（RMA: Resource Management Act 1991）にもとづく，自治体の責務とされています．各自治体は，特定の行為の制限（例：ゾーニング），すなわち「規制的アプローチ」によって，この責務を果たそうとしてきました．

　RMAにもとづく分権型の環境管理の仕組みを簡単に紹介しておきましょう[1]．RMAは，資源（土地，水，大気，そして生態系を指す）利用に関する特定の行為（例：開発行為や営業行為）に直接制限を加える（例：禁止）ものではありません．この法律は，行為そのものではなく，

　　行為によって発生する環境影響（例：水質の低下や野生生物の生息地の減少）を許容できる範囲内に収めること

をめざしています．それゆえ，環境影響が許容範囲内に収められる限り，生態系を破壊するような開発行為でさえ，理論上は進められることになります．

　そうすると，許容範囲を設定するパワー（権限）のありかが決定的に重要となることがわかります．RMAは，このパワーの多くを，地方自治体（県（region），市（city），郡（district）など）に与えました．国ではなく，自治体にパワーを与えたので，RMAは，「世界でもっとも進んだ環境法」と評されたのです．

　具体的には，自治体は，どのような行為に対していかなる許可が必要（または不要）なのかという観点から，あらかじめ一定のカテゴリーを設定し，それらを地域計画（県は地域政策声明（regional policy statement），市・郡は地区計画（district plan））の中で明示します．

　これらのカテゴリーとしては，「許可申請が不要である行為」，「申請すれば

許可は得られるが，条件が付される可能性のある行為」，「そもそも禁止されている行為」等の6つが，RMAの中で例示されています（77B条）．

　何らかの資源開発行為を行おうとする者は，自らの行為が地域計画で設定されたどのカテゴリーに該当するのかを踏まえ，その計画で求められる許可を取得しなければなりません．許可申請は，「そもそも禁止されている行為」を除いて更なる手続へと進み，地域住民への告知（notification）が必要と判断された場合には，告知を経て意見の聴取や公聴会が開催されます．一定の場合には，地域住民の声を広く募り，それを踏まえて自治体が許可・不許可を決定するという仕組みです．申請プロセスの概略は，図4.2.1のとおりです．

　このように，RMAは，資源利用を企図する行為一般（公私の別を問わない）に対する許可制度を導入し，その枠組を示す一方，許可の判断基準の設定や実際の判断については，その多くを地方自治体に委ねました．たとえば，ダム建設のような行為についても，国ではなく，自治体独自の判断基準にもとづく判断がなされるわけです．こうした分権型の環境管理の仕組みは，「わが国でい

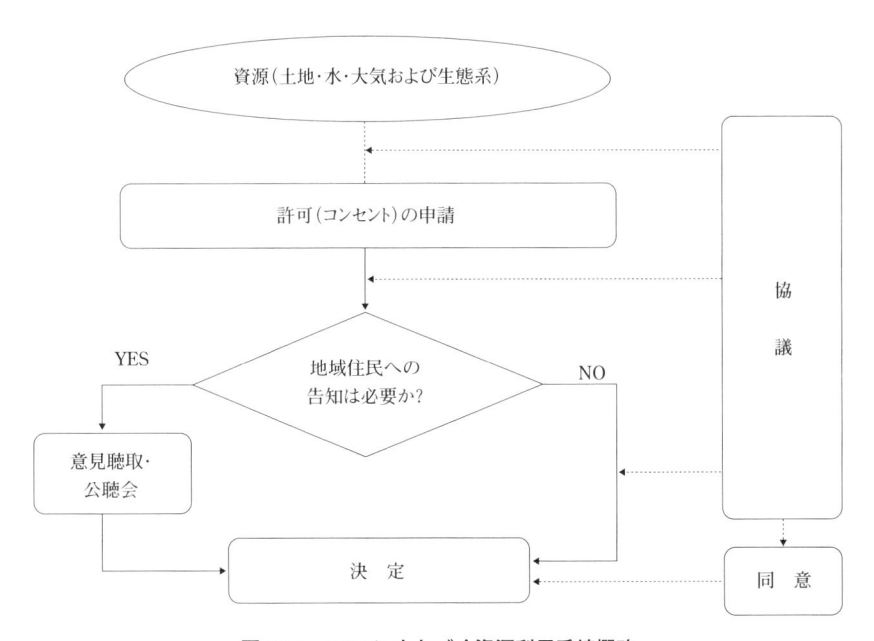

図4.2.1　RMAにもとづく資源利用手続概略

えば開発許可基準を市町村自身が作成するようなもの」と評されています（畠山・柿澤 2006, 363）．

（2） 地域の施策の実態

ニュージーランドの生物多様性・生態系が適切に保全されるかどうかも，RMAにもとづく地域計画にどのような施策が書き込まれるか，によります．しかし，どのような施策が実際に書き込まれ，どの程度執行されているのか等について，すべての地域計画の内容が詳しく比較されたことはありませんでした．その一方で，同じ行為に対して自治体ごとに対応が違うのは事実であり，それは問題ではないか，という見解が農業団体などから示されていたのです．そこで，自然環境保全関係の施策の実態を明らかにするために，2003年，国は，自治体へのアンケート調査（86機関のうち77機関から回答あり．回答率90％）を行い，調査および分析の結果を公表しました．その一部を次に示します[2]．

① 重要な生息地等の指定およびそのための基準：
調査対象となった77の地域計画のうち，基準を設定しているものは42，基準を設定していないものは35であった．ただし，後者の35の地域計画においても重要な生息地等の指定はなされている．

② 重要な生息地等を保護するための手法：
調査対象となった77の地域計画のうち，
・特定行為の規制 → 72
・ゾーニング（区域指定とその区域内での行為規制） → 12
・土地所有者による自主管理の促進 → 23
・非規制的手法（例：固定資産税の減免）→ 23
であった．なお，地域計画ではこれらの手法を複数採用している場合が少なくない．

③ 重要な生息地等に関する情報基盤：
管轄区域内の在来植生の位置について，特定できている自治体は77％，特定

できていない自治体が18％，部分的に特定できている自治体が5％であった．また，保全上重要な在来植生を有している土地所有者をリストアップしているかどうかについては，リストを保有していると回答した自治体が36％，保有していない自治体が61％，不完全なリストを保有している答えた自治体が3％という結果であった．

④ 規制の執行の態様と頻度：

上記②で特定した「規制」のための規定を用意している72の地域計画のうち，当該規定に反する行為に対してなされた執行の態様は，訴追が7％，違反告知が37％，過料が44％，その他が12％となっている．また，執行の頻度については，次のような数字が得られた（**表4.2.1**）．

表4.2.1 地方自治体における規制の執行頻度

態様＼執行件数	1件	2件	3件以上
訴追	7地方機関	3地方機関	2地方機関 (3-20件)
違反告知	3地方機関	3地方機関	9地方機関 (3-69件)
過料	4地方機関	1地方機関	7地方機関 (3-150件)
その他	2地方機関	0地方機関	3地方機関 (3-40件)

出典：Ministry for the Environment, Department of Conservation & Local Government New Zealand, A Snapshot of Council Effort to Address Indigenous Biodiversity on Private Land: A Report Back to Councils (2004) 18 にもとづいて筆者が作成した．

このように，2003年の全国調査の結果，自然環境保全の実践の場である自治体において，

① 何が重要な生息地等であるかに関する基準が明確ではない
② 手法としては「規制」に頼りがちである
③ 私有地上の生物多様性に関する情報基盤が脆弱である
④ 「規制」の執行頻度にも「ばらつき」がある

ことが明らかにされたのです．

（3）緊張状態と紛争の発現

　筆者が行った聞き取り調査によれば，自然環境保全のために地域計画に書き込まれた「規制」の執行をめぐって，自治体，土地所有者（多くは農場主），環境保護団体の三者間の緊張が高まっていったといいます．とくに，規制への反感を強めたのが，農場主を中心とする土地所有者でした．"RMA施行によって……営農行為が新たに規制を受ける"ことに対してはもちろん（畠山・柿澤 2006, 380-381），同じ土地利用（例：牧畜）に対して，自治体ごとに異なる内容・程度の規制がなされることに，土地所有者は我慢ができなかったのだといいます．フルヌイ郡では，2000年に郡庁舎前で土地所有者によるデモ行進まで起こりました．そして，自治体ごとの規制の強度や執行の頻度の「ばらつき」が全国的な現象であることが，前述した2003年の調査で明らかになったのです．

2　生物多様性地域戦略という手法

　せっかく数々の施策を地域計画に書き込んでも，それがかえって地域のさまざまな主体間の緊張を高めてしまう．このジレンマに自治体は悩まされたといいます．そのときに，自治体が注目したのが，「自然環境保全」に代わる「生物多様性」という包括概念であり，さらに，法定の地域計画に加えて，自主的な戦略をつくるという手法でした．

（1）RMAの2003年改正

　ニュージーランドは，2000年に生物多様性国家戦略を策定しましたが，生物多様性の定義については，法律上，明確な規定がおかれていませんでした．しかし，2003年にRMAが改正され，条約における生物多様性の定義がほぼそのままの形でとりいれられたのです（2条）．これによって，ニュージーランドでは「生物多様性」が初めて法律上の概念となりました．

　さらに，改正RMAでは，生物多様性の確保が，地方自治体の責務であることを明言しました（30条・31条）．改正前のRMAでは，条文解釈によって，こ

のことが導き出されていましたが、改正RMAでは、これを具体的な条文として定め、生物多様性の確保が地方分権の枠組にもとづいて進められることを確認したのです。

（2） カンタベリー県での地域戦略策定過程[3]

2000年の国家戦略策定と2003年のRMA改正によって、各自治体における「生物多様性」への注目度が高まり、2004年にはニュージーランド各地で「地域生物多様性フォーラム」なるイベントが開催されました。このフォーラムには、さまざまな価値観・バックグラウンドを有する主体が多数参加し、地域ごとの生物多様性に関する問題が議論されたといいます。そして、そこでの議論を通じて現れたのが、政策手法としての地域戦略（regional strategy）でした。

カンタベリー県では、フォーラムでの議論をうけて、2005年、県環境局が、予備的な検討作業を開始しました。そこで特定されたのが、

① 生物多様性の確保については、県内ですでに多くの施策が展開されているが、それらはバラバラになされているし、各種資源（例：人や予算）の投入も十分ではない
② 生物多様性に関する問題は複雑でかつ広範囲に及ぶものなので、できるだけ多くの利害関係者の参画の下に、施策を進めなければならない

という2点です。

これらを踏まえて、地域戦略の草案を作成する主体となったのが、地域生物多様性諮問グループ（Regional Biodiversity Advisory Group）です。このグループは、県環境局、県内の他の自治体（例：クライストチャーチ市やフルヌイ郡）、国の機関、NGO、土地所有者の団体、企業など22の異なる団体の代表者を構成メンバーとして、月に1度、1年間にわたって草案作成に取り組みました。出来上がった草案については、22の団体それぞれの構成員を対象とする（ロードショーという名の）草案説明会が県内各地で催され、質疑応答がなされました。その上で、各団体は草案を採択する（to adopt）かどうかを問われたのです。最終的に、22団体中19の団体が、この草案を採択し、2008年2月に地域戦略として公表される運びとなりました[4]。

(3) ロジックとしての生物多様性

カンタベリー県で生物多様性担当官を務めるマッカラム博士（Dr. Wayne McCallum）によれば、「生物多様性（というロジック）には、全体をまとめる力がある」といいます。

貴重種やその生息地の保全をめぐって身構える住民同士が、生物多様性の確保という文脈では（不思議と）相手方の意見に耳を傾ける、というのです。種や生態系の保全だけではなく、その持続可能な利用という観点が、「生物多様性」という短い一つのフレーズに含まれているところがポイントなのではないか、ということでした。

カンタベリー県議会のデミーター（Jane Demeter）議員も同様に、次のような見解を示しています。私人の土地所有者と一口にいっても、だれもが同じ興味関心や問題を抱えているわけではない。ある者は排水、別な者は外来生物、さらに別な者は農薬といったように、それぞれが異なる興味関心や問題を抱えている。こうした複数の問題をすべて「生物多様性の問題」としてとり上げることにより、多数の主体を議論の場に引き込むことができるのだ、というのです。同議員によれば、対話の場さえ設けられれば、そこで誤解がとけたり、思いもよらないアイデアが生まれてきたりもする、とのことでした。

写真4.2.1：マッカラム博士

（4）地域戦略という手法

こうした「生物多様性（というロジック）の力」を引き出すための手法が，自主的な地域戦略です．ニュージーランドの地域戦略を見るとわかるように，そこに書き込まれる施策の中心は，非規制的なアプローチです．

たとえば，フルヌイ郡の戦略（A4サイズで全13頁．ニュージーランドの他の地域戦略と比べると短めです）では，RMAにもとづく地域計画での常とう手段であった，「特定の地域内で一定の行為を禁止する」という，規制的な手法ではなく，

　　　非規制的な協働型の手法によって郡内の生物多様性を保全すること

を新たなビジョン（第1章）として掲げました．その上で，第5章（手法）で複数の手法を特定し，第8章（行動）で各手法に対応した具体的な行動を提示しています．それらの行動の中には，「移転可能な開発権の仕組みについて調査する」や「競争的資金のスポンサーを求める」などの一般的な記述も見られますが，

　　　・生物多様性改善担当官（Biodiversity Enhancement Officer）の職を設置する
　　　・敏感な自然環境保全地区（法定地域計画にもとづく保護地域）での固定資産税減免について調査する

などの相当に具体的な対応も書き込まれています．

マッカラム博士によれば，地域戦略が「規制的なものだけではなく，非規制的なものも含めて，さまざまな施策を柔軟に展開していくための政策文書である」と説明することで，土地所有者側も環境保護団体側も，双方が聞く耳を持つようになるとのことでした．実際，カンタベリー県では，生物多様性地域戦略を「生きている文書（Livable Document）」と表現しています．その中に，多様な主体間の対話から生まれた多様なアイデアを書き込むだけではなく，それを定期的に見直すとともに，そこからさらに新たな施策を展開していくという意味で，そうした表現がなされているのです．

3 新たな施策の展開

　地域戦略の策定・実施過程での「対話」は，施策の推進力を生み出します．フルヌイ郡の生物多様性担当官を務めるマクエンティー（Dale McEntee）氏が述懐するように，地域戦略がつくられる以前から，生物多様性関連の非規制的な施策のアイデアは，数多く存在していました．しかし，対話以前の対立が原因で，そうしたアイデアの多くは，実践には至らなかったといいます．地域戦略の策定・実施過程での対話とそこでの活力が，それらのアイデアの実践を後押しすることになったというのです．

　そうした施策の一つが，フルヌイ郡で始まった「生物多様性トレイル（トレイルは散歩道の意味）プロジェクト」です．近年世界的な注目を集めつつあるのがニュージーランドのワインですが，2008年，フルヌイ郡のいくつかのワイナリーにおいて，ワイン畑の中に在来植物種からなる「生物多様性トレイル」を設け，そうした植生を生息地とする在来種（例：トカゲ）を保全・回復する取組が，世界で初めて実践段階に入りました（**写真4.2.2**）．

　世界で初めてとなる生物多様性関連の取組が，人口わずか10800名の小さな自治体で進められているのです[6]．

写真4.2.2　ペガサス・ベイ・ワイナリー内の生物多様性トレイル[5]

4　国の関与

　他方，ニュージーランドにおける地域戦略の展開には，国による一定程度の関与が見られます．2007年春，国は『われわれの風土を守る：私有地上の稀少なかつ脅威にさらされた固有の生物多様性保護のための全国的優先順位に関する声明に係る情報』と題された行政文書を公表しました[7]．わが国でいえば，「手引き」に相当するものです（以下，この文書を手引きといいます）．
　手引きの目次は，次のとおりです．

　　第1章　全国的な優先順位に関する声明について
　　　第1節　新たな知見
　　第2章　全国的な優先順位に関する声明が発された背景
　　　第1節　なぜ私有地上の生物多様性を保護する必要があるのか
　　　第2節　なぜ全国的な観点が重要なのか
　　　第3節　国家戦略に掲げられた目標の達成
　　第3章　全国的な優先順位1
　　　第1節　科学的根拠
　　　第2節　重要なツールと参考文献
　　第4章　全国的な優先順位2
　　　第1節　科学的根拠
　　　第2節　重要なツールと参考文献
　　第5章　全国的な優先順位3
　　　第1節　科学的根拠
　　　第2節　重要なツールと参考文献
　　第6章　全国的な優先順位4
　　　第1節　科学的根拠
　　　第2節　重要なツールと参考文献
　　第7章　固有の生物多様性保護のための法令等
　　　第1節　法律
　　　第2節　生物多様性条約および生物多様性戦略

第4章　なぜ戦略をつくるのか
　　第8章　用語解説
　　第9章　参考文献

　中核となるのは第2章から第6章までの部分です．第2章では，なぜ（私有地上の）生物多様性保全が必要であるのか，また，なぜ「全国的な観点（a national perspective）」が重要なのか，について説明が施されています．その上で，第3章以降に，全国的な観点から優先的に保全すべき4タイプの生物多様性およびそれらの保全施策の立案・実施に役立つ技術的な情報が取りまとめられています．
　全国的な観点の重要性については，次のような説明がなされています．

　　"それ［＝全国的優先順位に関する声明］は，現存する生息地・生態系を広範に捉えるとともに，ニュージーランド全体の観点から最も脆弱である生息地・生態系を特定するものである．また，……こうした全国的な観点によって，地方の視点は拡大させられることになるだろう．ある地方における固有の生物多様性が重要であるかどうかは，ニュージーランド全体の生物多様性という観点に照らして考えて初めて明らかになるように見える"［下線は筆者による］

全国的な優先順位としては，

　1　在来植生の原初的な被覆率が20％未満に低下した土地における当該在来植生の保護
　2　人間活動が希薄である，砂漠や湿地における在来植生の保護
　3　優先順位1・2の対象となっていないものの，"本来的に希少な（originally rare）"生態系における在来植生の保護
　4　急速かつ絶え間なく脅威にさらされている在来種の生息地の保護

が特定され，それぞれに関して，さまざまな技術的な情報が提供されています．これらの情報には，具体の在来植生や在来種の生息地の場所等に関する情報や分類システムに関する情報などが含まれています．
　国は地方自治体に対して，この手引きの中身，すなわち，「全国的な観点」から重要な生態系（例：在来植生や在来種の生息地）の優先順位を反映した施策

を展開するように要請しています．たとえば，手引きで示された優先順位は，地域戦略に書きこまれる数々の施策の立案に利用することができます．また，それは，戦略中の施策の優先順位をつけるにあたっても参考になります．

地域戦略の策定や実施について，国は補助金交付のための基金（Biodiversity Fund）を設けていますが，詳細を調査することはできませんでした．たとえば，カンタベリー県の戦略は，国のガイドラインを適切に参照・利用したものとして，この基金から補助金が交付されています．この補助金は，生物多様性担当官の人件費等に充てられるとのことでした．また，ネルソン市（南島の北端に位置する地方自治体）でも，地域戦略にもとづく個別行動計画の策定に対して，国からの補助金投入が予定されています．

この辺りについては，あらためて調査を行うことにしたいと考えています．というのは，財政面での規律の仕組みが整備されている場合，ニュージーランドにおける国の地域戦略への関与の度合いは，より高いものと評価される余地があるからです．

注
[1] この点については，畠山・柿澤（2006）321以下が詳しい考察を施しています．
[2] 以下の調査結果の紹介は，Ministry for the Environment, Department of Conservation & Local Government New Zealand（2004）にもとづくものです．
[3] カンタベリー県での戦略策定過程に関する以下の記述は，同県の生物多様性担当官を務めるマッカラム博士（Dr. Wayne McCallum）からいただいた情報にもとづいています．
[4] 戦略本体は，生物多様性アジア戦略のホームページ（http://www.bas.ynu.ac.jp/）に掲載されています．
[5] ペガサス・ベイ（Pegasus Bay）は，ニュージーランドで最も著名なワイナリーの一つです．
[6] 人口についての数字は，Hurunui District Council（2009）13参照．
[7] Ministry for the Environment & Department of Conservation（2007）．

引用文献
畠山武道・柿澤宏昭編著（2006）『生物多様性保全と環境政策―先進国の政策と事例に学ぶ―』北海道大学出版会．
Hurunui District Council, Hurunui Long Term Community Plan 2009-2019 at 13（2009）．
Ministry for the Environment, Department of Conservation & Local Government New Zealand, A Snapshot of Council Effort to Address Indigenous Biodiversity on Private Land: A Report Back to Councils（2004）．

第4章　なぜ戦略をつくるのか

Ministry for the Environment & Department of Conservation, Protecting our Places: Information about the Statement of National Priorities for Protecting Rare and Threatened Biodiversity on Private Land (2007).

第*3*節　地域戦略の技法―資源創造と参加型生物多様性評価

Episode

　岩手県はかつて馬の一大産地だった．そこには「馬文化」が色濃く残っているという．これを生かした「乗馬観光旅行」なる取組が試験的に行われた．馬に乗って120kmのルートを4泊5日かけて旅するというものである．企画者は次のようにいう．

　"東北には都会の人々が必要とするものが豊富にある．美しい山村の原風景と豊かな温泉．野生の生き物がつくる元気な生態系．採れたての食材と伝統的な味付け．伝統工芸と先祖から引き継がれた懐かしい文化．安らぎと落ち着きの中で，助け合って生きる共同体精神．こうした<u>資源</u>は……再生可能なものばかりだ．"[1]
（下線は筆者による）

Question

　*Episode*は，多くの「ものの見方」を持てるならば，資源を「創り出せる」可能性が高まることを示唆しています．あなたが住む地域では，どのような「資源創造」の可能性があるでしょうか．

本節の見取り図

　締めくくりとしての本節では，生物多様性地域戦略の中身を構想する技法について紹介します．カギとなる理論が「資源創造」，カギとなる実践が「参加型生物多様性評価」です．これらを駆使して，地域固有の資源を開拓し，地域戦略の中身を豊かに，かつ魅力的なものにしていくことは，生物多様性というプラットフォームの上で展開しうる一つの未来像といえるでしょう．

第4章　なぜ戦略をつくるのか

1　地域の資源管理シナリオ

　変化の速度が速く，玉石混交の情報があふれる中で，将来のシナリオを描くことの重要性が高まっています．シナリオについては，さまざまな説明の仕方がありますが，ここでは，

> 将来起きる可能性のある事態について，科学的な側面，価値や経済システム，社会構造，政策，およびさまざまな確実性と不確実性を考慮しながら作成した「台本」

を意味するものとしておきましょう（浦野・松田 2007, 186）．生物多様性戦略は，その策定主体がだれであろうとも，一種のシナリオの役割を果たすものといえます．
　地域社会の今後を考えた場合，少子高齢社会の影響（例：里山等への「手入れ」（例：下草刈り）不足）が地域ごとに異なり，各種資源が偏在することからしても，資源管理のシナリオが日本全国で同一とはなりえません．むしろ，資源管理については，地域の数だけシナリオがつくられなければならないといえます．生物多様性地域戦略には，そうしたシナリオとしての役割を果たすことが期待できるはずです．
　その意味で，地域戦略が法律に策定根拠を有する行政計画として認められた意義は少なくありません．シナリオといっても，演劇のシナリオや法律にもとづかない政策文書まで多様ですが，法律を根拠として書かれるシナリオ（＝生物多様性地域戦略という法定戦略）は，地域の意思決定（例：予算の配分や新たな政策的措置の提案）へ多大な影響を及ぼしうるからです．法律は，国権の最高機関である国会の議決を経てつくられたルール（規範）です（本書2章1節）．これにもとづくシナリオ（＝生物多様性地域戦略）に沿って地域戦略の中身を実行していくことは，間接的ではあれども，日本国民の意思を体現していることになるのです．
　地域戦略の策定過程で多数の主体が「対話」の席につき，資源管理のシナリ

オを描くために協働する．そして，そのシナリオの内容への制限は（国家戦略を「基本とする」以外に）とくに見当たらない．これらの点を認識して地域戦略の作成に取り組めば，生物多様性の確保に資する，かつ，実効性の高い戦略が生まれるのでしょうか．残念ながら，おそらく，そうはなりません．当然のことですが，戦略に「何を」書き込むかが，最も重要かつ困難な作業となるからです．

　実際に書き込まれるべき「何か」を本書で示すことはできません．それは地域ごとに発見されるべきものだからです．代わりに本書では，そうした「何か」を地域で見出すための，および，実はすでに見出されている多くの「何か」を整理するための技法を紹介します．

　理論的な意味での技法が，「資源創造（Resourcefulness）」です．公共政策学（政治学の分野の一つです）で用いられている，この考え方を導入することで，地域で進んでいるさまざまな取組をすっきりと整理できます．また，それは，地域の今後に必要な「何か」を発見するための指針ともなります．

2　資源の創造に向けて

　野生動植物は，生物多様性の構成要素の一つとなる資源です．それらの遺伝子もそうですし，里山や砂漠のような生物と非生物が一体となった生態系もまた，資源の一つでしょう．さらには，*Episode* の「乗馬観光旅行」の企画者が利用した風土もまた，そうした資源の一つであることは疑いありません．

（1）　資源の多様性

　資源の少なそうなところに，興味深い資源がある．こうした例を，わたしたちは毎日のようにどこかで目に耳にしています．いくつか例を挙げておきます．

①　中山間地域

　中山間地域は「山間地及びその周辺の地域その他の地勢等の地理的条件が悪く，農業の生産条件が不利な地域」と定義されます（食料・農業・農村基本法35条）が，簡単にいえば，山あいの農村山村地帯を指します．資源不足のイメー

ジが付きまとう場所の一つですが,関満博教授(一橋大学)は,

> "[農産物の]直売所は全国に1万3千か所あり,売り上げは1兆円を超えたと言われている.これは日本で唯一の成長産業ではないか"([ ]内は筆者による)

と述べています.そして,同教授は,そうした地域を訪ね歩き,

> "高齢化や人口減少が進み条件が悪い土地ほど,優れたリーダーや先導役が出てきているということだ.東京など大都会はだめ.人が出て来ない.これは面白い現象だと思う.……過疎地がぐるっと回って先進地になってしまったようだ"

という実感も紹介しています[2].

② 耕作放棄地

2008年時点でのわが国の農地は約460万ヘクタールですが,そのうちの約40万ヘクタールは耕作されていません.耕作放棄地です.これを再生利用する取組が各地で始まっています.2009年から,かつての耕作放棄地で,養鶏場の餌に混ぜるための米(飼料米)の栽培を始めた,岩手県軽米町の山本賢一町長は,次のように述べています.

> "害虫が発生するなど『負』の存在だった土地[=耕作放棄地]が価値を生み出す<u>資源</u>になった"[3]([ ]および下線は筆者による)

③ 厳冬期

厳冬期の北海道での観光資源といえば,雪祭りや氷祭り,流氷,ワカサギ釣りなどが思い浮かびます.しかし,そうしたものを除いて,厳冬期の北海道については,暗くて寒く,大地は雪におおわれ,湖は凍てつく,といったイメージが支配的でした.

然別湖(しかりべつこ)もそうした湖の一つです.厳冬期には凍った湖が現れるだけで,目玉になるような観光資源は存在しないものと思われてきました.しかし,近年,そうした厳冬期にも,当地へ観光客が足を運ぶようになっています.人々は何を求めて然別湖をめざすのでしょうか.人々がめざすのは,厚

い氷におおわれた湖の上に出現するコタン（アイヌ語で「村」を意味する）です．凍った湖の上に作られた露天風呂やすべてが氷で作られたアイス・バー（酒場）などが人気を博しているといいます．然別コタンと名付けられた湖上の村は，期間限定（厳冬期のみ）の風物詩として，その知名度が全国的に高まりつつあります．

④ 公害の記憶

水俣という言葉から，わたしたちが，そして世界の多くの人々が連想するのは何でしょうか．おそらくは公害，具体的には，水俣病の惨禍でしょう．水俣病の被害救済と責任追及は決して終わったわけではありません．現在はもちろん，それらはこれからも続いていくものといえます．その一方で，近年，水俣の記憶が新たな形で利用されるようになりました．環境教育の観点から，修学旅行等の研修先として，水俣市を訪れる学校は多数に上っています（**表4.3.1**）．

⑤ 砂浜のゴミ

砂浜に落ちているのは美しい貝殻だけではありません．歩いていると，何らかのゴミに気がつくものです．ゴミ拾いをしている人々の姿を見かけることも，少なくはありません．こうした砂浜のゴミには，ガラス片も多く含まれているのですが，神奈川県の辻堂という地域では，このガラス片を買物の際の割引券として使う仕組みがあります．毎月第3日曜日に開かれる「辻堂朝市」では，そうしたガラス片が割引券として通用するのです．

表4.3.1　水俣市を訪問先とする教育研修等の状況

年度	小中高の校数	参加者数
2000年度（平成12）	34校	4,986人
2001年度（平成13）	54校	6,885人
2002年度（平成14）	54校	5,965人
2003年度（平成15）	54校	6,655人
2004年度（平成16）	61校	6,095人

出典：鬼塚（2007）101（表3）にもとづいて筆者が作成した．

このように見てくると，地域の資源は，特産物や自然の景勝地だけではないことがわかります．地域は多種多様な資源に恵まれており，それを発見できるかどうかがカギとなるのです．また，そこでの「資源」の意味は多様であり，「ものの見方」を変えれば，それまで「厄介もの扱い」してきた「何か」さえ，資源となりえます．資源は無限にあるとさえ言えるのかもしれません．

(2) 資源創造の理論

Episode や今までに紹介した①〜⑤はそれぞれ「つながり」のない，バラバラな取組ないしは考察のように見えます．しかしそこには，次のような共通の「ものの見方」が横たわっています．すなわち，

　　　資源は，保全，利用，探査，再生するだけのものではない．それは創り出せる

という共通認識です．これを一言で表したのが「資源創造（Resourcefulness）」です．逆にいえば，それらの取組や考察はすべて，この資源創造という言葉で「つなげる」ことができるのです．

資源創造は，公共政策学において，研究対象となる主体の行動やその背景事情を分析する概念として用いられてきました．近年の興味深い事例研究の一つが，クインシー・ライブラリー・グループ（Quincy Library Group）（以下，QLG）というアメリカの片田舎で結成された小さな団体の活動をめぐるものです（Pralle, 2006）．この事例研究の中身を紹介することにしましょう[4]．

1980年代から1990年代にかけて，アメリカ合衆国では，国有林におけるフクロウ問題に全国的な関心が集まりました．フクロウの生息地となる原生林の保護か，木材生産量の確保か，をめぐる紛争が激化し，現職の大統領がその調整ために現地（オレゴン州やワシントン州）へ赴かねばならないほどの事態となっていたのです[5]．

ところが，ほぼ同じ時期に，カリフォルニア州北部山中の国有林では，フクロウ問題が異なる展開を見せていました．環境か経済かで激しく対立していた地域の人々が，QLGという小さな任意団体を結成し，協働作業を開始したのです．1993年，QLGは，生物多様性保全と地域経済発展の両立をめざした独

自の国有林管理計画案（以下，QLG 提案といいます．）を公表し，行政当局に対して，それを正式に採用するよう働きかけました．しかし，当局はそれを拒否し，全国的な環境保護団体も当局の姿勢を支持する側につきました．そして，とうとうこの問題は北アメリカ大陸を横断し，ワシントン DC の連邦議会へたどり着いたのです．

1997年7月，QLG 提案を実施するための法案は，429対1という圧倒的多数で下院を通過しました．この段階で始まったのが，老舗の環境保護団体を中心とする法案通過阻止のキャンペーンです．キャンペーンは全国的に展開され，議員への個別ロビーはもちろん，環境保護団体は共同で全国紙（ニューヨーク・タイムズ）の見開きページを買い上げ，広告を掲載し，法案の通過が将来に禍根を残すと訴えました．

環境保護団体が法案に反対する理由は多岐にわたっていましたが，最も重要な点は，この法案の通過が今後の国有林管理政策全体に及ぼす悪影響でした．環境保護団体は，

> 「国有地は国民全体の共有物であり，その管理のあり方が論ぜられる際には，あらゆる人々が当事者となる．ゆえに，特殊な利益集団の提案内容が，当該国有地の管理計画として，そのまま採用されることはありえない．QLG は実はそうした特殊な利益集団の一種であり，その提案内容の実施を法律で認めてしまうならば，そうした法律は，特殊利益が全国的な利益を凌駕するための先例となり，全国的な利益の増進を図ってきた既存の環境法の意義を失わせてしまう」

と主張したのです．しかし法案への支持は衰えず，クリントン（Bill Clinton）大統領の署名により，1998年 QLG 森林再生法[6]が成立しました．

巨大な環境保護団体からの強い反発にもかかわらず，1998年法が比較的スムーズに議会を通過したのはなぜなのか．この問いへの回答として，この事例研究を手掛けた研究者は，QLG の戦略的な課題設定の効果をいくつも指摘しています．

① 山火事管理のあり方：QLG は，「フクロウ v. 地域の雇用」という，それまでのフクロウ論争における問題点よりもむしろ，「山火事管理のあり方」

に議論の焦点を合わせた．後者の課題設定の下では，森林伐採よりもむしろ山火事がフクロウおよび原生林に及ぼす脅威がクローズアップされる．

② 森林の健全性：QLGは，地域の国有林が「手つかずの偉大な森林（intact and grand forests）」というよりはむしろ，「壊れた生態系（broken ecosystem）」であり，そこでは「手入れ」が必要になると主張した．すなわち，手入れのない過剰に繁茂した森林では山火事や病害虫蔓延等のリスクが高まり，ひいてはフクロウおよび原生林にも危機がもたらされる．ゆえに，単に現状を「保存」するのではなく，ある程度の森林伐採を行って積極的に「管理」せよ，という議論を展開した．

③ 対立の構図：QLGは，「多様な利益を糾合して協働した地方の住民団体 v. 単一利益（環境保護）の増進を図る全国的な団体」という対立の構図を強調した．

この事例分析から得られた最大の示唆は，

> 資源（例：人や財や情報）をあまり持っていないように思われる主体（例：QLG）であっても，手持ちの資源を最大限効果的に使える（例：巧みな課題設定）ならば，資源を豊富に持っているように思われる主体（例：全国的な環境保護団体）との政治的な闘いに勝つことができる

というものでした．この示唆は，「資源をたくさん持っているような主体の思うように，あらゆる公共政策がつくられないのはなぜか．つまり，大企業や全国的な利益団体の主張が必ずしも，すべての公共政策のデザインに反映されず，逆に，それらの主張を制限するような公共政策がしばしばつくられるのはなぜか」という，政治学の古典的な問いへの一つの回答となりうるものです．

この「手持ちの資源を最大限効果的に使う」ことが Resourcefulness の公共政策学的な趣旨なのですが，本書では，これを「資源創造」と訳出しました．そうすることで，*Episode* や前述の①～⑤のような取組や分析を一言でくくれます．また，（あえて）そのように訳出することで，

> 資源に恵まれたように見える地域であっても，それを効果的に活用できなければ発展は望めない．逆に，資源に乏しいように見える地域であっても，まだ発見されていない「手持ちの資源」をこれから発見していくという無限の可能性がある

というメッセージを発しうるとも考えました．

3　市民による生物多様性評価

　次に，地域戦略に書き込まれる「何か」を地域で見出すための，実践的な意味での技法を紹介します．それが「参加型生物多様性評価」です．本節では，単に調査を実施して終わりというのではなく，何らかの指標に照らして調査結果を評価し，その後も監視（モニタリング）を続けるという意味で，この言葉を使っています．

　これまでも自然環境の現状を把握するための調査は多数行われ，その評価やモニタリングも進められてきました（例：日本の環境省が全国的に進めている「モニタリングサイト1000（重要生態系監視地域モニタリング推進事業）」[7]）．近年は，そうした活動に，行政や学識者だけではなく，NGOや地域住民が参加することが，世界的な潮流となっています（Lawrence 2010）．日本でも同様の事例は多数実践されており（鷲谷・鬼頭 2007），中には，茅ヶ崎市（神奈川県）のように，地域住民が，調査のみならず，調査計画の立案にも参画したものもあります[8]．

　参加型生物多様性評価は，生物多様性という新たな「対話」のプラットフォーム（1章2節）の一部となりつつあるように見えます．というのは，実際に，評価結果およびそれにもとづいて交わされた「対話」が，具体的な政策の実施や変更などにつながる例が世界各地で報告されるようになってきたからです（Lawrence 2010）．日本でも，上述した茅ヶ崎市の事例では，都市計画法上の「特別緑地保全地区」に指定する候補地の選定にあたって，評価結果が参考にされたといいます[9]．

　こうした評価の仕組みと結果を，地域戦略の策定に活かすことで，戦略の中身が具体的かつ豊かなものとなりえます．たとえば，評価結果に依拠して，戦

略中に具体的な数値目標を設定することができるでしょう．また，評価結果は，数ある戦術（本書2・3章）をどのように使っていくかを戦略で整理したり，必要となる新たな戦術を構想したりする手がかりともなります．さらに，地域住民自らが発掘した情報が「生物多様性地域戦略」という目に見える，かつ，日本では法律にもとづく政策文書となることで，そこに書き込まれる施策の実効性も高まることが考えられます．

　ただし，地域の生物多様性関連情報をどのように利用するか，については問題が生じるかもしれません．とくに，私有地上の生物多様性に関する情報を「規制」（例：保護地域の指定による一定の行為の禁止）に利用するとなると，フルヌイ郡（ニュージーランド）で起きたような対立・紛争の火種となる可能性があります．そうした対立・紛争を緩和するために，フルヌイ郡の地域戦略が「非規制的アプローチ」を中心に書かれていることは，すでに説明しました（本書4章2節）．この点については，日本の地域レベルでどのような問題が起こっているのか，あるいは，起こっていないとすればなぜなのか等について，調査する余地がありそうです．

4　本書の提言—地域戦略の作成に向けて

　以上の考察結果と知見を利用して，魅力ある内容の，かつ実効性の高い地域戦略策定のための提言，を試みるとすれば，どのようなものになるでしょうか．この点については，2009年に中部弁護士連合会が作成した報告書の中で，基本的な提言がなされています（中部弁護士連合会 2009, 31-34）．ここでは，それにいくつかの点を書き加えてみました．**太字部分**が，筆者が加えた内容です．

① 地域ごとの「手持ちの資源」を発見・再発見するための考え方である「**資源創造**」を理念として掲げること．
② 地域における生物多様性の現状および課題を科学的に調査・分析して明らかにすること．また，**調査・分析の際には，可能な限り，地域住民の参加を確保すること**．
③ 生物多様性条約の締約国会議で採択された愛知ターゲット（愛知目標）

(本書2章1節(2))を踏まえた生物多様性保全の中長期的目標を設定して，それを達成するための短期の数値等の具体的目標を，実効性のある方法を示して，設定すること．とくに，**数値目標の設定については，SMART原則にもとづくこと．**
④　保全目標の達成状況の事後的検証と目標の見直しを方法を含めて明記すること．
⑤　部局の利益（個別の公共性）を越えた，横断的な取組を継続的に推進するための行政組織の設計図を含めること．
⑥　生態系の「つながり」の観点から適切な場合には，その他の自治体と「共同して」地域戦略を策定する余地を探ること．
⑦　戦略で設定された各種目標の達成状況を，地域住民が常時確認・検証できる仕組みを整備すること．

①について：
　理念の提示は，世の中が複雑になり，不確実性が高まるにつれて，益々重要になっています．「地域戦略に書き込まれるべき中身に限界はない．それは地域住民が創りだすものである」という理念が地域で共有されたとき，地域のシナリオ・ライティングの基礎は，ほぼ出来上がったものといえるでしょう．
　この基礎の上に，視野を広げていくことがポイントです．斬新な「ものの見方」は，自分たちとは違う社会，人種，世代などから得られることが多いのではないでしょうか．「資源創造」は，人種や政治体制とは無関係に作用する普遍的な技法なので，興味深いアイデアや先進的な取組は，世界のどこでも「創られて」います．その意味では，国内の他の自治体の経験に限らず，海外の自治体の経験（例：地域戦略の策定過程やその内容）もが参照されるべきことになります[10]．

②について：
　地域の生物多様性の現状と課題を最もよく知っているのは，地域住民であると言われます．有形無形のさまざまな形態で，かつ散らばって存在している，地域の実践知を活用できるならば，生物多様性の現状と課題はより明確な形で

第4章　なぜ戦略をつくるのか

浮かび上がってくることでしょう．その意味で注目されるのが，前述した「参加型生物多様性評価」です．

③について：

SMART原則を加えました（Kaikoura District Council 2009, 12)[11]．これは，「Specific, Measurable, Achievable, Realistic, Time-related」の頭文字にちなんだものであり，数値目標は，「特定的，計測可能，達成可能，実現可能で，かつ，いつまでに達成するものであるかを明記した形で」設定されるべき，というものです．この原則にもとづく数値目標が設定されて初めて，次の④が意味を持ちえます．

④について：

目標の達成状況は，事後的に検証されなければなりません．ただし，戦略の推進期間中にも確認される必要があるでしょう．そこで，新たに⑦（後述します）を加えました．

⑤について：

本書3章3節でとりあげた「司令塔」の整備は，地域レベルでも重要です．生物多様性における「つながり」の観点から，部局の利益を横断的に管理するための，組織的な仕組みが構想されるべきでしょう．その際には，トップ（例：都道府県知事）が替わっても，地域戦略の中身を推進していく，つまり継続性の観点も念頭におかれなければなりません．なお，日本の地方行政組織の仕組みは，アメリカの大統領制に近いので，その「司令塔」の組織構造や機能は参考になるはずです．

⑥について：

生物多様性基本法の「共同地域戦略」への言及（13条）は，世界的にみても（おそらく）先進的な規定です（本書4章1節）．生態系の「つながり」という観点からつくられる「共同」地域戦略は，隣接する自治体同士の関係を見直す，あるいは新たに構想する手法となりえるでしょう．たとえば，同一河川の上流

域の自治体と下流域の自治体が「共同して」地域戦略をつくることなどが考えられます．また，法律の規定を広く解釈すれば，似たような生態系（例：砂漠生態系）を有する，空間的には離れた自治体同士が「つながる」ための共同戦略も策定できるかもしれません．こうした発想の際にも，「資源創造」の理論が役立ちます[12]．

⑦について：

だれもが数値目標とその達成状況を常時確認できるような仕組みを用意する必要があります．この点では，イギリスのホームページ（BARS）（本書148頁参照）が参考になるでしょう．たとえば，ロンドン市の地域戦略にもとづいて実施されることとされていた活動の一つに，「蛾に関する調査を実施するために100名を雇用する」というものがあります．この活動は，2002年1月1日〜2009年12月31日を期間として，ロンドン野生生物トラストが主導することになっていましたが，その期間には活動が行われませんでした．この事実は，BARSを通じて，世界のどこからでも常時確認することができます．

注
[1] 朝日新聞（2009年12月21日）GLOBE 第6面．
[2] 朝日新聞朝刊（2010年1月1日）13面．
[3] 日本経済新聞朝刊（2010年3月21日）1面．
[4] QLGによる協働型自然資源管理とそれが引き起こした全国レベルでの政治論争の経緯については，及川（2010）で詳しく考察しています．
[5] フクロウ問題の背景，経緯，環境法政策におけるその意義などについては，畠山・鈴木（1996）が詳しく考察していますので，是非参照してください．
[6] Herger-Feinstein Quincy Library Group Forest Recovery Act of 1998, Public Law 105-277.
[7] これは，日本列島の多様な生態系のそれぞれについて，全国にわたって1000か所程度のモニタリングサイトを設置し，基礎的な環境情報の収集を長期にわたって継続して，日本の自然環境の質的・量的な劣化を早期に把握しようとする事業です．モニタリングサイト1000ホームページ（http://www.biodic.go.jp/moni1000/index.html）参照（2010年5月15日アクセス）．
[8] 茅ヶ崎市のケースについて，小池文人教授（横浜国立大学大学院環境情報研究院）からご教示をいただきました．
[9] 同上．
[10] 国内の事例について，淡路・寺西・西村（2006）や京都大学フィールド科学教育研究

第4章　なぜ戦略をつくるのか

センター編（2007）など，参考になる文献は豊富です．なお，資源創造の考え方と親和性が高い，共鳴する部分が大きいと思われるのが，佐藤仁准教授（東京大学東洋文化研究所）が展開する「資源概念の動的把握」論です（例：佐藤（2008，2009））．そこでは，資源とは客観的な存在としてそこに「ある」ものではなく，そこに働きかける人間社会の側の諸条件によって資源に「なる」ものだ，という考え方が紹介されています．こうした「新たな資源論」が，今後，人間と自然の「つながり」を回復させるためのカギ概念となっていくのかもしれません．

[11]　Kaikoura District Council（2009）12.
[12]　2015年3月，「奄美大島生物多様性地域戦略」が，わが国で初めての共同地域戦略として策定されました．

引用文献

淡路剛久(監修)・寺西俊一・西村幸夫編著（2006）『地域再生の環境学』東京大学出版会．
浦野紘平・松田裕之（2007）『生態環境リスクマネジメントの基礎─生態系をなぜ，どうやって守るのか─』オーム社．
及川敬貴（2010）「アメリカの協働型自然資源管理─生物多様性保全と森林ガバナンスの行方」『林業経済』63（5）：1-23.
鬼塚義弘（2007）「公害都市「水俣市」の再生と発展」『季刊国際貿易と投資』61：91-104.
京都大学フィールド科学教育研究センター編（山下洋監修）（2007）『森里海連環学─森から海までの統合的管理を目指して』京都大学学術出版会．
佐藤仁（2008）「「資源」の概念規定とその変容」『科学技術社会論研究』6：111-123.
───（2009）「資源論の再検討─1950年代から1970年代の地理学の貢献を中心に─」『地理学評論』82（6）：571-587.
中部弁護士連合会（平成21年度中部弁護士連合会定期大会シンポジウム実行委員会）（2009）『われらと生き物の未来─市民がつくる生物多様性地域戦略─』平成21年度中部弁護士連合会定期大会シンポジウム基調報告書．
畠山武道・鈴木光（1996）「フクロウ保護をめぐる法と政治」『北大法学論集』46（6）：2003-2066.
鷲谷いづみ・鬼頭秀一（2007）『自然再生のための生物多様性モニタリング』東京大学出版会．
Kaikoura District Council（2009）*A to B Carbon Free - Kaikoura Waliking and Cycling Strategy*.
Lawrence, A. ed.（2010）*Taking Stock of Nature: Participatory Biodiversity Assessment for Policy, Planning and Practice*. Cambridge: Cambridge University Press
Pralle, S.（2006）*Branching Out, Digging In*. Washington DC: Georgetown University Press.

付録:関連法令情報について

　本書の大きな目的の一つは,難解に思える法制度を,できるだけ分かりやすく説明することです.そこで,生物多様性条約や基本法,国家・地域戦略などを引用した箇所では,そのまま掲載し,できるだけ丁寧な解説を心がけました.ただ,専門家でない方も,本書を読み進めながら,それらの法制度の「生の文言」および「全体の姿」を,自分の目で確認することをお勧めします.六法全書などが手元になくても,条文そのものを以下のようなホームページですぐに検索,閲覧できますので,ぜひ読んでみて下さい.

◆生物多様性基本法その他の法律に興味をもたれた方は……
総務省の法令データ提供システム
http://law.e-gov.go.jp/cgi-bin/idxsearch.cgi

◆生物多様性条約(生物の多様性に関する条約)に興味をもたれた方は……
外務省のホームページ内
http://www.mofa.go.jp/mofaj/gaiko/kankyo/jyoyaku/bio.html

◆日本の生物多様性国家戦略2010に興味をもたれた方は……
環境省のホームページ内
http://www.env.go.jp/nature/biodic/nbsap2010/

◆世界各国の生物多様性国家戦略に興味をもたれた方は……
生物多様性条約事務局のホームページ内
http://www.cbd.int/countries/?ctr=ni

付録：関連法令情報について

◆日本および海外の生物多様性地域戦略に興味をもたれた方は……
生物多様性アジア戦略　http://www.bas.ynu.ac.jp/

　なお，内外の他の自治体の状況を把握した上で，近くの自治体の環境関係の部署に問い合わせてみると，自分の住む地域で今後どのような戦略が検討されようとしているのかが分かって面白いかもしれません．

読者のみなさんへ

　本書を手にとっていただいて，そして読んでいただいてどうもありがとうございました．法律には，固い，厳しい，難しいといったイメージが付きまといますが，読後感はいかがでしたか．意外と柔らかい，思ったより面白そう，などと感じていただければ，うれしいかぎりです．

　生物多様性は，生物種や自然生態系の豊かさを意味するだけではありません．それは，生物種等を「万民の共有物」から「各国の経済的な資源」として捉え直すための考え方，いわゆる「ロジック」でもあります．1990年代に入り，この新しいロジックにもとづいて，人々が新たな「対話」を始めました．それが新たな法律や戦略などの「数」の増加のみならず，わたしたち市民の側が自ら「地域戦略」をつくることができる「質」の変革をも伴う，いわば「環境法の静かな革命」のエネルギー源となったのです．そして，新旧の法律や戦略などが複雑に絡み合う「制度生態系」が発展してきました．この新たな"生態系"を今後どのように管理していくのか．これが生物多様性時代における環境法の大きな課題となるはずです．

　こうした捉え方・考え方・分析には，多くの議論の余地があるものと思われます．読者のみなさんからコメント・ご批判をいただければ幸いです（下記のホームページまでアクセスください）．そこでの「対話」の中から，新しい研究の種子が見つかり，そして発芽するかもしれません．どうかよろしくお願いします．

　今後は，ホームページ（http://www.bas.ynu.ac.jp/）上で，各章の内容をアップデートしたり，インタビュー動画などを載せていったりする予定です．また，生物多様性地域戦略については，これまでと同様に，自治体やNPOの方々から最新情報をお寄せいただければ，たいへん幸いに存じます．

　最後に一言．わたしはインドネシア大学留学の1年を遊び尽くし（英語は頭でしか話せませんが，インドネシア語は今でも心から出てきます），ニュージーラ

ンドその他諸国でバックパッカーとして放浪し，日米の大学院で（それまでのツケを払わされる形で）勉強しました．そして，そうした中で多くの人と出会い，「みんな違う．だけど，なぜかわかりあえる」という感覚を得ました．「生き方の多様性」とでもいうのでしょうか．

　生物多様性条約には，たとえば，ジェンダーへの言及もあり，「生き方の多様性」は，実は生物多様性の重要な一側面ではないかと考えています．本来の専門のアメリカ環境法・環境政策についてしっかりと研究するのは当然ですが，こうした「生き方の多様性」という観点からも，いつか何かを執筆する機会があればと思います．活字を通して，みなさんにまたお目にかかれることを願っています．

　2010年7月　COP10開幕まで100日をきって

及川敬貴

索　引

アルファベット
ABS（Access and Benefit Sharing）　89
BARS（Biodiversity Action Reporting System）　147,148,177
EEZ（排他的経済水域）　93
SATOYAMAイニシアティブ　99
SMART原則　175,176

ア　行
アイデンティティ　11
アカウンタビリティ　136
アメリカ　56,57,84,114,170
新たなコモンズ　102
アンブレラ法　34
生きている文書（Livable Document）　159
イギリス　142
遺伝子組換え生物（LMO：Living Modified Organism）　72
インド　91,103
インドネシア　12,13,19
ウィルソン（Edward O. Wilson）　22
エコツーリズム推進法　98
オーストラリア　17,20,22,58,85,92,103,135,137,143
オンタリオ州　13

カ　行
海岸法　61,62
海洋基本法　94
海洋保護区　46,56
外来生物　72
外来生物法　5,75,76,78
海岸法　60,64,66
河川法　60-65

課題設定　171
カナダ　11,13,91,92
カルタヘナ議定書　30
カルタヘナ法　75,76
川辺川　60
環境アセスメント（環境影響評価）　84,116,124,128
環境影響評価法　98,120
環境基準　53
環境基本法　34,68,120
環境諮問委員会（CEQ: Council on Environmental Quality）　114
環境の質（environmental quality）　115
環境の保護（environmental protection）　118
環境配慮責任　68,120
環境法化　38
環境法家族論　70
環境保護庁（EPA: Environmental Protection Agency）　115
カンタベリー県　157
管理　78,79
気候変動枠組条約　29,30
行政計画　35,37,136
行政事件訴訟法　96
協働　57,137,167
協働型自然資源管理　38,177
共同戦略　137
共同地域戦略　145,176
京都議定書　30
京都府絶滅のおそれのある野生生物の保全に関する条例（2007年）　58
金銭評価　2,11,12,14
クイーンズランド州　103

183

索　引

釧路湿原　82
景観法　98
権限　32,51,76,77,129,152
憲法　29
権利　32
権力　32
公園管理団体制度　52
公害規制法　44,53
鉱業法　62
耕作放棄地　168
衡平性　25,88
公有水面埋立法　62,68
高齢化社会　97
国定公園　45
国土形成計画　67
国土総合開発法　98
国有林　45
国立公園　45
国連海洋法条約　93
国連ミレニアム生態系評価　8,63
湖沼水質保全特別措置法（湖沼法）　54
国家環境政策法（National Environmental Policy Act. 通称NEPA）　116

サ　行

採石法　62
裁量　96
裁量統制　96
里山　6,9,55,56,87,95
里山保全条例　6
サラワク州　92
参加型生物多様性評価　173
事業仕分け　149
資源　165
資源管理法（RMA: Resource Management Act 1991）　152
資源創造（Resourcefulness）　81,167,170,177
資源論　178
自然環境保全地域　45
自然環境保全法　49
自然公園法　6,49,50

自然再生協議会　82
自然再生推進法　5,80,98
自然保護　24
自然保護法　44
持続可能な発展　24
シナリオ　166
砂利採取法　62
住民参加　79,96,142
種の保存法　6,48,49
種の保存法（Endangered Species Act）　56
順応的管理　95,96
少子高齢社会　166
省庁間紛争　128
条約　29
条例　100,101
食料・農業・農村基本法　64
諸法　62
仕分け　7
森林環境税　102
森林生態系保護地域　66
森林法　61,64,67,98
森林・林業基本法　64,67
水産基本法　64
水質汚濁防止法　54
生息地等保護区　45
生態系　6,15,25,41,162
生態系維持回復事業　52,57
生態系管理（エコシステム・マネジメント）　113,125
生態系サービス　8,14,15,87,102
生態系と生物多様性の経済学　15
生態リスク管理　75,76
制度生態系　iii,41
西部オーストラリア州　145
生物安全法　79
生物多様性アジア戦略　140,148
生物多様性アジア戦略（Biodiversity Asian Strategy）　147
生物多様性オフセット　57
生物多様性基本法　5,36,69,77,99,135,140
生物多様性国家戦略　6,11,30,34,37,67,79,

　　　　　　　　　　　　　　　　　　　　　　　　　索　引

　　　　96,135,136
生物多様性国家戦略2010　　39,56
生物多様性条約　　4,21,29
生物多様性地域戦略　　38,84,85,135,166,174
生物多様性地域戦略策定の手引き　　140
生物多様性ちば県戦略　　138
生物多様性トレイル　　160
生物多様性バンキング（BioBanking）　　58
生物の海賊行為（biopiracy）　　i,20,22,89
生物の多様性に関する条約　　4
持続可能な利用　　61
説明責任　　96
全国的な観点（a national perspective）　　162
先住民族　　17
先住民族団体　　137
戦略的環境アセスメント　　38
総合調整　　129
ゾーニング（zoning）　　44,46,55,56,152,154

タ　行

大統領令247号　　91
対話　　ii,23,25,158-160,166,173
縦割り　　41,56,129
WWF（世界自然保護基金）ジャパン　　145
地域社会　　91
地域戦略（regional strategy）　　157
地球規模生物多様性概況第3版（GBO3：Global Biodiversity Outlook 3）　　30
中山間地域　　167
鳥獣保護区　　45
鳥獣保護法　　49,50
つながり　　iii,25,41,54-56,69,84,102,129,145,175,176
締約国会議　　4
伝統的知識（Traditional Knowledge）　　91
天然記念物　　47
堂本暁子　　139
徳島県希少野生生物の保護及び継承に関する条例（2006年）　　58
特定鳥獣保護事業計画　　51
特別緑地保全地区　　62

都市計画法　　98,173
都市公園法　　62,97
都市緑地法　　62,97
都市緑地保全法　　62,97
土地改良法　　62,64,68

ナ　行

長良川河口堰問題　　63
ナチュラ2000（Natura 2000）　　55
南西諸島　　145
2010年目標　　30
日光太郎杉事件　　10
ニューサウスウェールズ州　　58,85,135,143
ニュージーランド　　11,12,14,79,91-93,144,151,174
農業振興地域の整備に関する法律　　62
農山漁村滞在型余暇活動のための基盤整備の促進に関する法律　　98
農地法　　62,98
農林水産省生物多様性戦略　　137
ノルウェー　　91,93

ハ　行

バイオマス活用推進基本法　　100
排水基準　　53
排他的経済水域（EEZ）　　87
排他的経済水域及び大陸棚に関する法律　　94
非規制的アプローチ　　174
非規制的手法　　57,154
フィリピン　　91,103
風景地保護協定　　52,57
不可逆性　　74-76
不確実性　　74-76
フクロウ問題　　170
ブラジル　　91
プラットフォーム（社会基盤）　　ii,iii,15,23-25,32,41
文化財保護法　　6,47,64
紛争マネジメント　　128
ベトナム　　11,13
ペルー　　91

索　引

保安林　45
法律　29
北部準州　103
ポスト2010年目標　30,31
保全　24
北海道森林づくり条例　67
ホワイトハウス　114
ボン・ガイドライン　90,93

マ 行
マレーシア　92
水の回廊　67
未然防止原則　76
緑の回廊　6,66
緑のダム論　65
水俣病　169

南アフリカ　146
メキシコ　146
モニタリング　173

ヤ 行
予防原則　75-77,80
予防的アプローチ　76

ラ 行
ラムサール条約　18,29
リゾート法（総合保養地域整備法）　62
利用調整地区　51,52
ロジック（考え方）　i

ワ 行
ワシントン条約　i,18,19,29

著者略歴
1967年　北海道に生まれる．
1993年　北海道大学大学院修士課程修了．
1995年　（～1997年）フルブライト・フェロー．
1997年　パデュー大学大学院修士課程修了．
1999年　日本学術振興会特別研究員（DC2・PD）（～2001年）．
2000年　北海道大学大学院法学研究科博士課程修了（法学博士）．
現　在　横浜国立大学大学院環境情報研究院教授．環境法専攻．
主　著　『アメリカ環境政策の形成過程——大統領環境諮問委員会の機能——』（北海道大学図書刊行会，2003年），『はじめての行政法（第2版）』（畠山武道・下井康史編著）（共著）（三省堂，2012年）．

生物多様性というロジック　環境法の静かな革命

2010年9月15日　第1版第1刷発行
2016年3月25日　第1版第4刷発行

　　　　　　　　　　著　者　及川敬貴

　　　　　　　　　発行者　井村寿人

　　　　　　　　発行所　株式会社　勁草書房
112-0005 東京都文京区水道2-1-1　振替 00150-2-175253
（編集）電話 03-3815-5277／FAX 03-3814-6968
（営業）電話 03-3814-6861／FAX 03-3814-6854
堀内印刷所・中永製本所

©OIKAWA Hiroki　2010

ISBN978-4-326-60231-5　Printed in Japan

＜㈳出版者著作権管理機構　委託出版物＞
本書の無断複写は著作権法上での例外を除き禁じられています．
複写される場合は，そのつど事前に，㈳出版者著作権管理機構
（電話 03-3513-6969，FAX 03-3513-6979、e-mail: info@jcopy.or.jp）
の許諾を得てください．

＊落丁本・乱丁本はお取替いたします．
http://www.keisoshobo.co.jp

NPO再構築への道
―― パートナーシップを支える仕組み

原田晃樹・藤井敦史・松井真理子……著

2,800円／A5判／328頁
60228-5

政策・合意形成入門

倉阪秀史……著

2,700円／A5判／292頁
30212-3

双書 持続可能な福祉社会へ：公共性の視座から 全4巻

A5判横組み

第1巻＊コミュニティ
―― 公共性・コモンズ・コミュニタリアニズム

広井良典・小林正弥……編著

2,800円

第2巻＊環境
―― 持続可能な経済システム

倉阪秀史……編著

3,500円

第3巻＊労働
―― 公共性と労働―福祉ネクサス

安孫子誠男・水島治郎……編著

2,800円

第4巻＊アジア・中東
―― 共同体・環境・現代の貧困

柳澤悠・栗田禎子……編著

3,000円

勁草書房刊

＊表示価格は2016年3月現在．消費税は含まれておりません．